绿洲水资源
高效利用技术研究

——以塔里木河流域为例

刘锋　魏光辉　周海鹰　著

WUHAN UNIVERSITY PRESS
武汉大学出版社

图书在版编目(CIP)数据

绿洲水资源高效利用技术研究:以塔里木河流域为例/刘锋,
魏光辉,周海鹰著.—武汉:武汉大学出版社,2024.2
ISBN 978-7-307-24178-7

Ⅰ.绿…　Ⅱ.①刘…　②魏…　③周…　Ⅲ.塔里木河—流域—绿
洲—水资源利用—研究　Ⅳ.TV213.9

中国国家版本馆 CIP 数据核字(2023)第 234631 号

责任编辑:胡　艳　　责任校对:李孟潇　　版式设计:马　佳

出版发行:**武汉大学出版社**　(430072　武昌　珞珈山)
(电子邮箱:cbs22@whu.edu.cn　网址:www.wdp.com.cn)
印刷:武汉邮科印务有限公司
开本:720×1000　1/16　印张:11.5　字数:185 千字　　插页:1
版次:2024 年 2 月第 1 版　　2024 年 2 月第 1 次印刷
ISBN 978-7-307-24178-7　　定价:50.00 元

前　言

　　水是新疆的命脉，是制约新疆社会经济发展的决定性因素。近年来，气候变化、人类经济活动及水开发活动等复杂外界胁迫已严重影响新疆生态水文情势演变，干旱内陆河流域水资源短缺形势更加严峻，流域生态安全问题突出。塔里木河作为我国最大的内陆河，地处中亚腹地，全长 2486km，流经天山山脉和昆仑山山脉之间，塔克拉玛干沙漠位于其中部，被誉为南疆人民的"母亲河"，是保障塔里木盆地绿洲经济、自然生态和各族人民生活的生命线。水资源开发利用和生态环境保护不仅关系到流域自身的生存和发展，也关系到西部大开发战略的顺利实施，其战略地位突出。塔里木河干流自身不产流，"四源一干"流域面积占流域总面积的25.4%，多年平均径流量占流域年径流总量的64.4%，对塔里木河的发展与演变起着决定性作用。流域水资源匮乏，生态系统极为脆弱，频发的干旱灾害和生态恶化趋势令人担忧。尤其是近 30 年来，受绿洲规模、人口社会经济发展驱动影响，水资源利用方式和用水格局已严重改变了流域水文生态格局。利用生态水文和谐统一的可持续发展观点，开展流域水资源高效利用技术研究，不仅具有重要的科学价值，更是维系整个流域生态安全、人水和谐持续发展的迫切现实需求。

　　本书是新疆维吾尔自治区自然科学基金面上项目（基于灰色关联模型的变化环境下南疆典型内陆河水资源安全与河湖健康评价研究，批准号 2021D01A101）、自治区高校科研计划（多目标数据驱动模型下的塔里木河"三源一干"洪水调度研究，批准号 XJEDU2023J017）、自治区专家顾问团决策研究与咨询项目（新疆主要农作物推广非充分灌溉技术的决策研究与咨询，批准号 Jz202317）、水利部公益性行业科研专项（自然-社会交互作用下塔里木河流域水资源综合利用，批准号201501059）等研究的理论与技术成果的系统总结。作者在总结前期研究成果的基础上，针对干旱内陆河流域水资源开发与高效利用问题，重点阐述塔里木河流域水资源演变特征，分析典型绿洲作物/植被理论需水特征，探讨绿洲林果高效节水灌溉制度，提出了斑块尺度的绿洲水土资源动态监测优化方法，构建了基于SWAT模型的绿洲耗水与适宜规模技术，进行了绿洲生态水优化调控理论及技术研究，对绿洲水资源进行了优化配置。本研究成果属水利科学、环境科学等多学科交叉综合研究的成果，研究内容对内陆河流域水资源高效利用、进行干旱区水资源复合生态系统的综合治理具有重要借鉴意义，可为干旱区流域水资源规划、生态环境综合整治与绿洲良性运转提供科学参考。

全书分为12章。第1章综述流域水资源高效利用及生态治理等研究的国内外进展；第2章介绍流域自然地理等基本概况；第3章阐述流域60年来水资源演变规律；第4章模拟分析绿洲作物/植被理论需水特征；第5章开展绿洲土壤湿度反演与监测研究；第6章开展绿洲典型特色林果灌溉制度研究；第7章模拟优化斑块尺度的绿洲水土资源动态监测；第8章分析典型绿洲生态承载力，并进行生态安全评价；第9章构建基于SWAT模型的绿洲耗水模型，开展典型绿洲适宜规模研究；第10章研究建立绿洲水资源优化配置模型；第11章开展绿洲生态水优化调控理论及技术研究，提出不同需水情景方案，以此为基础，评估生态水优化调控的生态经济和社会效应；第12章系统总结前11章的研究成果，分析本研究存在的不足，并提出展望。

本书的具体分工：魏光辉撰写第1章，刘锋撰写第2章，周海鹰撰写第3章，魏光辉撰写第4章，曹伟撰写第5章，刘锋撰写第6章，刘锋、魏光辉撰写第7章，马亮撰写第8章，刘锋撰写第9章，刘锋撰写第10章，曹伟撰写第11章，周海鹰撰写第12章。全书统稿和编校工作由魏光辉、刘锋共同完成。

在此，对本书所引用参考文献的作者致谢！

本书的出版，得到了武汉大学出版社的大力支持，特此致谢！

由于作者水平有限，编写过程中难免存在很多不足之处，敬请读者给予批评指正。

作者

2023 年 10 月

目　　录

第1章 绪 论

塔里木河流域面积 102 万平方公里，是我国最大的内陆河流域，养育着近 1300 万各族群众，被誉为南疆人民的"母亲河"。流域具有自然资源相对丰富与生态环境极为脆弱的双重性特点，是我国最大的长绒棉产区和 21 世纪中国能源战略接替区。流域内依托自然生态系统发展的绿洲经济和传统农牧业为主的发展模式对生态环境依赖程度较高，干旱恶劣的自然环境与极端脆弱的生态条件决定了这一区域的高质量发展、乡村振兴离不开水资源的高效利用保障体系建设。

在水资源紧缺、生态环境脆弱的干旱内陆河流域，实现有限水资源的高效利用，是绿洲经济社会高质量发展的重要基础，推动流域生态环境改善由量变到质变的重要途径。由于绿洲水资源高效利用的复杂多元性和时空变异性，致使绿洲水资源高效利用的基础性和实践性方面仍面临着诸多亟待解决的关键问题。如：人工绿洲面积到底多少较为合适？作为人工绿洲主要生产用水的农业节水潜力到底有多大？适宜的自然生态需水量与供水模式如何确定？等等。因此，深入开展绿洲水资源高效利用技术研究，提出适宜的绿洲水土开发规模，构建较为完善的天然绿洲生态水调度系统，不仅可为"丝绸之路经济带"高质量发展提供水安全保障，也有助于丰富和发展干旱区水资源高效利用、生态水调度的科学理论体系。

本书面向维护"丝绸之路经济带"水安全和推进新疆生态文明建设的重大战略需求，以"流域水资源过度开发利用，地下水位持续下降，自然生态环境退化"等问题为导向，以治水方针中"节水优先"为指导，围绕水资源高效利用为核心目标，聚焦绿洲生态安全评价、绿洲水资源优化配置、绿洲生态供水高效技术模式研发三个环节，开展系统性研究，以期为促进流域社会与经济特别是国家提出的"三条红线"的有效实施提供指导，为塔里木河流域或类似流域水资源管理、生态安全建设和可持续发展提供理论支撑。

1.1　研　究　任　务

阿克苏河是新疆的三大国际河流之一，流经阿克苏地区的 5 个县市(乌什县、温宿县、阿克苏市、阿瓦提县、柯坪县)和新疆生产建设兵团第一师的 16 个团场。阿克河流域面积大于 $5.2\times10^4km^2$，其中，吉尔吉斯斯坦共和国境内面积 $1.9\times10^4km^2$，中国境内面积 $3.3\times10^4km^2$(山区 $1.9\times10^4km^2$，平原 $1.4\times10^4km^2$)。流域主要包括托什干河、库玛拉克河、柯亚尔河及阿克苏河干流。阿克苏河流域位于我国西北干旱地区，全年光热充足，降水稀少且蒸发量大，水土流失严重，其径流大部分来自冰川融雪以及低山带降水。水资源是塔里木河流域经济、社会发展和生态环境演化的主要影响因子，气候变化也强烈地影响着该地区水资源系统的变化趋势。人民生活和工农业生产完全依靠引用地表水和提取地下水，水资源已成为人民生活和国民经济的命脉。水资源承载能力分析和河流健康评价是规划经济发展规模与模式，实现经济、环境、生态、社会这个复合大系统持续协调发展的重要依据。作为塔里木河的最大源流，阿克苏流域水资源变化牵动着整个塔里木河流域的稳定发展。

1.1.1　阿克苏河绿洲水环境及植被变化对流域生态安全的影响研究

(1)植被指数获取与时空演变规律基于 2006—2015 年的遥感影像(Landsat TM 和高分 1 号)数据，提取阿克苏河绿洲不同时相下的归一化植被指数(NDVI)，并采用像元二分模型分别计算植被覆盖度，系统分析阿克苏河绿洲地区植被覆盖年内和年际的时空演变特征，以期为阿克苏河绿洲地区未来生态建设提出相应的参考建议。

(2)土地利用演变格局与驱动机制基于 2006—2015 年的遥感影像(Landsat TM 和高分 1 号)数据，经遥感数据预处理、野外建标、解译等获取 2006 年、2010 年和 2015 年的阿克苏河绿洲土地利用现状数据，借助土地利用转移矩阵、地学信息图谱等分析方法,定量分析阿克苏河绿洲近10年的土地利用格局演变过程、特征和驱动机制,以期为阿克苏河绿洲土地利用结构调整、生态安全重构和区域资源可持续利用提供决策依据。

(3)水环境的时空演变与管控对策在系统分析研究区水资源现状的基础上,结合长期定位监测数据,分析阿克苏流域地下水埋深、电导率和全盐量等时空演变特征,重构阿克苏流域地下水监测网络,定量测算研究区水资源承载力,在分析水资源红线内涵的基础上探讨水资源红线划定研究思路和创新对策,为实现阿克苏流域"三条红线""四项制度"的实施提供重要的基础数据和辅助决策支持。

(4)生态敏感性和景观生态安全评价在土地利用格局演变的基础上,定量测算阿克苏河绿洲生态系统服务价值,构建生态敏感性评价模型分析绿洲传统敏感性和交叉敏感性的时空异质性特征,借助生态足迹法,对阿克苏河绿洲的生态足迹、生态承载力和生态盈亏平衡状态进行系统分析,选取景观格局指数和运用生态弹性力理论,对2006—2015年的景观格局状况和生态弹性力进行评价,以期为阿克苏河绿洲的生态文明建设和可持续发展提供参考借鉴。

(5)绿洲生态安全综合评价与分区基于格网单元,借助PSR模型构建生态安全综合评价指标体系,采用量子遗传算法优化投影寻踪模型,对阿克苏河绿洲生态安全状况进行综合评价,划分不同的生态安全功能分区,对生态安全状况进行空间自相关分析,一方面揭示阿克苏河绿洲行政区内部生态安全状况的空间分布差异,另一方面也为进一步开展阿克苏河绿洲生态安全重构提供科学、合理的数据支撑。

1.1.2 塔里木河流域阿克苏河灌区斑块类型动态变化遥感监测

本研究利用现状特征分析、种植结构动态变化分析和驱动力分析三个方面对阿克苏河灌区土地进行了研究。较准确地提取了阿克苏河灌区5个时期的土地利用现状,尤其是灌区种植结构组成、分布的数量特征和动态变化特征,分析了灌区主要需水作物和植被的景观格局特征,提取了导致灌区种植结构动态变化的主要驱动力因子。在此基础上,以土地利用优化配置的相关理论为基础,使用改进的混合蛙跳算法,对研究区的土地利用状况进行优化,通过结合2014年的土地利用现状以及当地政策要求,证明了该算法的有效性和优化结果的合理性,最后得到阿克苏河灌区土地利用优化配置方案。

本研究基于阿克苏河灌区内 1972—2014 年 7 个气象台站的月均气象观测数据，采用 FAO 修正的 Penman-Monteith 模型，计算了参考作物蒸发蒸腾量（ET_0），进行了空间数据的插值分析，对阿克苏河灌区作物的理论需水量特征，分别在空间和时间两个维度上进行了探讨，定量分析了阿克苏河灌区影响潜在蒸散量变化的主导气候因素。

本研究通过 SWAT 水文模型预测估算了水文径流，旨在衡量模型在该地区的适用性是否良好，进而分析了 25 种不同的气候变化情景下流域生态水文径流变化的动态响应机制。

结合阿克苏河灌区水资源管理现状及未来发展趋势，本研究采用不同分区、不同作物类型的灌溉定额指标，套用微灌方式（水稻除外，采用膜上灌溉方式），测算了 1998 年、2002 年、2006 年、2010 年和 2014 年各主要类型作物斑块的灌溉水需求量，在此基础上预测了 2030 年的灌溉水需求量，同时计算了各分区的灌溉水需求量数量特征。

在 1998 年、2002 年、2004 年、2006 年、2010 年、2014 年五期遥感影像解译数据的基础上，本研究采用不同分区、不同作物类型的灌溉定额指标，套用微灌方式（水稻除外，采用膜上灌溉方式），测算了 1998 年、2002 年、2006 年、2010 年和 2014 年各主要类型作物斑块的灌溉水需求量，并基于阿克苏河灌区水文站点的径流量实测数据和《塔里木河流域阿克苏管理志（2005—2014）》的历史资料数据估算了正常年份阿克苏河灌区的农业可供水量，采用灰色预测 GM（1，1）模型，对阿克苏河灌区短期内（2017 年、2020 年）的需水情况做了预测。为了实现灌区农业水资源和作物种植结构的优化调整，基于模糊综合评判法，对阿克苏河灌区的农业水资源承载力做了评估，并在遵循水资源优化配置原则的前提下，采用线性规划模型，提出了阿克苏河灌区作物灌溉水量和作物种植结构的优化方案。

1.1.3　面向绿色生态的流域生态需水估算及调度分析

围绕流域天然植被和自然湖泊，借助现代地理学、土地科学、景观生态学、水文与水资源学等相关理论，结合计算机、遥感等信息技术和计量地理学等现代地理学数理统计方法，以阿克苏河流域生态输水前后自然植被生长变化、土地利用方式变化、水资源的时空演变特征为主线，提取生态需水估算对象，基于需水对象的现状和变化特征估算流域现状年和恢复目标下的生态需水量；同时，在摸清流域生态环境现状和变化趋势的基础上，探讨自然植被、地下水位变化与生态输水之间的响应机制，定量估算生态输水对生态环境影响的滞后效应，并提出合理的流域生态需水调度策略与建议，力求在恢复生态学和水资源管理上取得理论和实践上的突破，以期为阿克苏河流域水资源合理配置和生态需水调度提供参考依据。

1.1.4 变化环境下的绿洲水资源安全与河流健康评价

（1）根据最严格水资源管理制度"三条红线"、流域相关规划和水资源可持续利用要求等前期基础资料，合理划分流域内行政和计算单元，研究经济社会发展、水资源状况、水环境状况等不同数据成果的分解协调，按照流域水资源承载能力计算和复核分析要求，构建阿克苏河水资源承载能力评价数据集。

（2）从流域水资源利用总量控制、流域不同地区均衡发展和生态环境保护的角度，在已有研究的基础上，对流域地表地下水资源量和开发利用情况、生态供水和生态状况进行调查，设计相互协调的阿克苏河流域水资源承载能力和河流健康指标体系。

（3）基于阿克苏河流域水资源循环过程，利用流域社会经济和水资源开发利用数据，构建流域水资源承载能力模型，确定模型相关参数取值。以流域水资源承载力指标体系为指导，确定模型优化目标和解集评价优选标准。从气候变化、国民经济发展、生态环境保护三个方面分析流域未来可能面临的自然和社会发展环境，开展组合情景设计和对应情景下的水资源承载能力分析计算。在此基础上，结合水量要素、水质要素和约束要求，分情景分单元给出水资源承载状况的评价结果。

（4）开展阿克苏河河道内外生态需水分析，提出维持阿克苏河河流健康的基本需求。分析不同水资源承载能力情景下的流域可供水量。对比分析河流健康需求与流域可供水量的差异，评估河流健康状况，建立水资源承载能力高低与河流健康状况间的关系。

（5）考虑区域水资源禀赋条件、经济社会发展状况、水资源开发利用情况以及水资源管理制度等因素，开展水资源承载力超载和河流健康状况恶化的成因分析；针对超载和健康状况恶化的特征和成因，研究提出水资源调控措施建议。

1.1.5　绿洲平原灌区典型林果灌溉制度研究

绿洲平原灌区典型林果灌溉制度研究主要包括：

（1）滴灌条件下不同灌水处理的核桃与红枣土壤水分动态变化研究。通过对核桃与红枣不同灌水处理土壤剖面含水率的测定，分析不同灌溉定额下的全生育期土壤水分变化规律，土壤水分在灌水前后的空间（水平和垂向）分布差异，以及土壤水分含量沿深度的活跃度及稳定性分析。

（2）滴灌条件下不同灌水处理对核桃与红枣生长发育和生理指标的影响。通过对不同灌水处理的核桃与红枣在生长过程中的新梢长度、枣吊长度、果实横纵径、叶片、光合特性等生理指标的监测，分析各生理指标与灌水定额之间的响应关系。

（3）滴灌条件下不同灌水处理的核桃与红枣耗水规律研究。通过对灌水定额下核桃与红枣各生育期蒸腾量和株间蒸发量等指标的动态监测，分析核桃与红枣各生育期土壤水分消耗，根据水量平衡原理，确定不同生育的阶段耗水量，进而推求其耗水模数和作物系数。

（4）滴灌条件下核桃与水分利用效率及红枣灌溉制度研究。依据核桃与红枣各生育期土壤水分动态变化、生理生态指标、耗水特性的研究，分析不同灌水定额对核桃与红枣产量、水分利用效率及灌溉水分生产率的影响，综合产量、水分利用效率及灌溉水分生产率三个指标，筛选满足核桃与红枣需水要求的微灌定额，制定节水增产的灌溉制度。

1.2　主要内容及创新点

本书从水环境、水生态、土地利用时空演变特征入手，采用绿洲生态承载力、生态敏感性、景观生态格局等因子综合评价绿洲生态安全；厘定流域水量转化耗散规律，提出基于水资源高效利用的生态水优化调控技术方案，为生态水调控提供科学依据；基于绿洲灌区土地斑块动态变化遥感监测，提出融合天（高分遥感）、空（地物光谱）、地（地面观测实验）的土壤湿度反演技术，为绿洲水资源精细化管理提供技术支撑。

通过研究，在塔里木河流域绿洲推动形成"绿洲生态安全评价→生态水调度与系统优化→绿洲水资源高效利用调控"的水资源高效集约利用机制，发展干旱区水资源利用的科学理论体系，提升干旱区生态水调控的技术水准，为干旱内陆河流域高质量发展提供了水资源支撑。

本研究主要创新点如下：

（1）建立了流域土地利用斑块数据库，首次提出了基于斑块尺度的流域土地利用景观结构空间演变和生态安全定量评价方法，为水资源的精细化管理提供了支撑，实现了研究方法的革新。

（2）引入植被覆盖度和垂直植被指数指标，得到改进型垂直干旱指数（MPDI）、植被调整垂直干旱指数（VAPDI）两个模型，建立了融合天、空、地数据的流域土壤湿度反演模型，实现了土壤湿度的连续动态观测，且模型计算精度大幅提高。

（3）基于绿洲用水总量约束，建立了流域多目标种植结构优化模型，为水土资源优化配置方案制定、河流健康评价提供了重要方法支撑。

（4）构建了植被生态需水量空间分布模型和不同水文情势下天然植被保护目标的响应模型，提出了源流"集中同步组合"、干流"分段耗水控制"、下游"地下水位调控"的生态水输送与总量控制模式。

第2章　流 域 概 况

2.1　自然地理特征

塔里木河流域位于我国新疆维吾尔自治区南部的塔里木盆地内，地处东经73°10′~94°05′，北纬34°55′~43°08′，流域面积为102.04×10⁴km²，其中国内面积为99.68×10⁴km²，国外面积为2.36×10⁴km²。塔里木河流域与印度、吉尔吉斯斯坦、阿富汗、巴基斯坦等中亚、西亚诸国接壤。

塔里木河流域地处塔里木盆地，盆地南部、西部和北部为阿尔金山、昆仑山和天山环抱，地貌呈环状结构，地势为西高东低、北高南低，平均海拔为1000m左右。各山系海拔均在4000m以上，盆地和平原地势起伏和缓，盆地边缘绿洲海拔为1200m，盆地中心海拔900m左右，最低处为罗布泊，海拔为762m。地理位置如图2.1所示。

塔里木河流域远离海洋，地处中纬度欧亚大陆腹地，四周高山环绕，东部是塔克拉玛干大沙漠，形成了干旱环境中典型的大陆性气候。阿克苏河流域中的库玛拉克河长298km，国内段105km，在库玛拉克河以东的河漫滩，既有河渠灌溉水的入渗，又有东侧来自高台地的径流，使温宿县托乎拉一带泉流、沼泽广布。托什干河长457km，国内段长317km，由西向东穿过乌什谷地。河谷阶地发育，在各级阶地上，渠网纵横密布，大量渠系灌溉水入渗补给地下水，又在河漫滩与低阶地溢出。库玛拉克河与托什干河在阿克苏市西大桥西北15km处汇合后，称阿克苏河。阿克苏河南流13km至艾里西谷口被河床中的一条带状沙洲分为两支，西支叫老大河，东支叫新大河。新、老大河在阿瓦提县以下重新汇合，向东南流

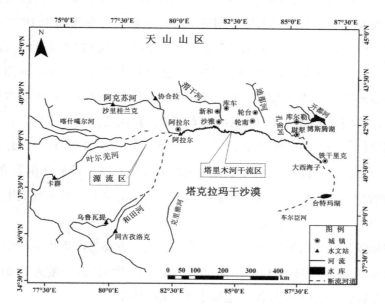

图 2.1 塔里木河流域地理位置示意图

与叶尔羌河相汇成塔河。阿克苏河干流至肖夹克汇入塔河，全长 132km。新大河为汛期泄洪主要河道，全长 113km；老大河是阿克苏市、农一师沙井子垦区和阿瓦提县灌溉引水天然河道，全长 104km。阿克苏河流域河道内水量损失计算较为复杂，库玛拉克河和托什干河普遍存在河漫滩与低阶地处的地下水溢出，阿克苏河进入平原区后，河汊较多，水系复杂，新、老大河两岸灌溉对河道的水量回归补给也比较明显。

和田河是目前唯一穿越塔克拉玛干沙漠的河流，是南北贯通的绿色通道，也是目前塔里木盆地三条(塔河干流、叶尔羌河下游、和田河下游)绿色走廊中保存最好的一条自然生态体系，和田河下游绿色走廊的重要性不亚于塔河下游绿色走廊。根据和田流域来水和用水情况分析，正常年份和田河流域的水量在非汛期全部通过两渠首引至灌区，只有在汛期 2~3 个月有洪水下泄至和田河下游和塔河干流，因此洪水对于维持和田河流域绿色走廊的生态平衡和向下游输水起到了决定性的作用。

开都河全长 560km，河流出山口至博斯腾湖河段长 139km，河段内水量损失率为 6%。孔雀河是无支流水系，唯一源头来自博斯腾湖，其原来终点为罗布湖，后因灌溉农业发展，下游来水量急剧衰竭，河道断流，罗布湖于 1972 年完全干涸。孔雀河作为塔河一条重要的源流，被誉为巴州人民的"母亲河"，其下游绿色走廊与塔河下游绿色走廊共同组成塔里木盆地东北缘的天然绿色屏障。由于孔雀河下游远离交通干线、人迹罕至，该区又处于核试验禁区，再加上水资源极度匮乏，因此人们无力顾及这一地区的生态环境保护问题。

流域北倚天山，西临帕米尔高原，南凭昆仑山、阿尔金山，三面高山耸立，地势西高东低。来自昆仑山、天山的河流搬运大量泥沙，堆积在山麓和平原区，形成广阔的冲、洪积平原及三角洲平原，以塔河干流最大。根据其成因、物质组成，山区以下分为以下三种地貌带：

山麓砾漠带：为河流出山口形成的冲洪积扇，主要为卵砾质沉积物，在昆仑山北麓分布高度为 2000～1000m，宽为 30～40km；天山南麓高度为 1300～1000m，宽为 10～15km。地下水位较深，地面干燥，植被稀疏。

冲洪积平原绿洲带：位于山麓砾漠带与沙漠之间，由冲洪积扇下部及扇缘溢出带、河流中、下游及三角洲组成。因受水源的制约，绿洲呈不连续分布。昆仑山北麓分布在 1500～2000m，宽为 5～120km 不等；天山南麓分布在 1200～920m，宽度较大；坡降平缓，水源充足，引水便利，是流域的农牧业分布区。

塔克拉玛干沙漠区：以流动沙丘为主，沙丘高大，形态复杂，主要有沙垄、新月形沙丘链、金字塔沙山等。

塔里木河流域远离海洋，地处中纬度欧亚大陆腹地，四周高山环绕，东部是塔克拉玛干大沙漠，形成了干旱环境中典型的大陆性气候。其特点是：降水稀少、蒸发强烈，四季气候悬殊，温差大，多风沙、浮尘天气，日照时间长，光热资源丰富等。流域从上游到下游依次为高山、平原和荒漠。联系高山和沙漠的是一些大、中、小河流，以高山的降水与冰川积雪的融水为主要水源，流经山坡下的洪积平原，最终流入沙漠中的湖泊湿地或消失于沙漠中。水资源的形成、运移及转化大致可分为三个区：Ⅰ区——山区，是塔河的产水区；Ⅱ区——绿洲和绿洲荒漠交错带，是水的耗散区；Ⅲ区——荒漠区，是水的消失区，如图 2.2 所示。

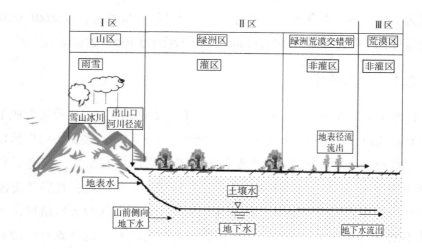

图 2.2　塔里木河流域水分转化及分区示意图

2.2　水文气象特征

塔里木河流域地处三面环山的塔里木盆地内，气候类型属于温带大陆性干旱气候。该地区气候干燥，蒸发强烈，降水稀少，日照时间长，昼夜温差大，四季气候差异显著，光热资源丰富。流域年平均气温为 3.3~12℃，夏季平均为20.2~30.4℃，冬季平均为-10.1~-20.3℃。全流域气温日较差较大，年平均日较差为 13.9~16.1℃，气温年较差最大值达 25℃。冲洪积平原及塔里木盆地≥10℃积温，多在 4000℃以上，持续 180~200d；在山区，≥10℃积温少于2000℃；一般纬度北移 1 度，≥10℃积温约减少 100℃，持续天数缩短 4d。按热量划分，塔里木河流域属于干旱暖温带。年日照时数为 2550~3500h，无霜期为190~220d。

由于海拔和地势差异显著，降水量的时空分布极不均匀。广大平原一般无降水径流发生，盆地中部存在大面积荒漠无流区。降水量的地区分布，总的趋势是北部多于南部，西部多于东部；山地多于平原；山地一般为 200~500mm，盆地边缘为 50~80mm，东南缘为 20~30mm，盆地中心约为 10mm。全流域多年平均年降水量为 116.8mm，受水汽条件和地理位置的影响，"四源一干"多年平均年降水量为 236.7mm，是降水量较多的区域。而蒸散发量很大，以 E601 型蒸发皿的蒸发量计，一般山区为 800~1200mm，平原盆地为 1600~2200mm。

2.2.1 水文循环

与西北干旱区众多内陆河流一样，塔里木河流域的上游山区径流形成于人烟稀少的高海拔地区，河道承接了大量冰雪融水和天然降雨；径流出山口后以地表水与地下水两种形式相互转化，大量径流滋养了绿洲生态系统，创造了富有生气和活力的绿洲农业，为水资源主要的开发利用区和消耗区；其后径流流入荒漠平原区，地表水转化为地下水和土壤水养育了面积广阔的天然植被，并随着水分的不断蒸发和渗漏，最终消失或形成湖泊。塔里木河流域研究区的水文循环基本过程如图 2.3 所示。水文循环被描述为山区水文过程、绿洲水文过程与荒漠水文过程，山区水文过程主要以出山口径流及少量地下水潜流形式转化为绿洲水文过程，绿洲水文过程受人类社会经济活动而变化剧烈并影响着荒漠水文过程。

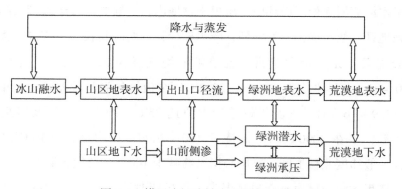

图 2.3 塔里木河流域水文循环示意图

降水、蒸发和径流等水文要素垂直地带性分布规律明显。从高山、中山到山前平原，再到荒漠、沙漠，随着海拔高程降低，降水量依次减少，蒸发能力依次增强。高山区分布丰厚的山地冰川，干旱指数<2，是湿润区；中山区是半湿润区，干旱指数为 2~5；低山带及山间盆地是半干旱区，干旱指数为 5~10；山前

平原，干旱指数为 8~20，是干旱带；戈壁、沙漠，干旱指数在 20 以上，塔克拉玛干沙漠腹地和库木塔格沙漠区可达 100 以上，是极干旱区。河流发源于高寒山区，穿过绿洲，消失在荒漠和沙漠地带。而山前平原中的绿洲是最强烈的径流消耗区和转化区。

塔里木盆地四周高山环抱，在地质历史时期，由于地壳运动的作用，褶皱带成为山区，沉降带组成盆地。山区降水所形成的地表河流，均呈向心水系向盆地汇集。地表河流在向盆地汇水的径流过程中，经历了不同的岩相地貌带，转化补给形成了具有不同水力特征的地下水系统，即潜水含水系统-潜水承压水系统-承压水系统。山前地带沉积有厚度很大的第四纪冲洪积层，河流出山口进入山前带后发生散流渗漏，大量补给地下水，成为平原区地下水的形成区。鉴于该地带岩性颗粒粗大，地下水径流强，形成单一结构、水质优良的潜水富集区。在山前带冲击洪积扇以下的冲洪积平原或冲洪积-湖积平原区，河流流量变小或断流，地下水获得的补给有限，由于岩性颗粒变细，含水层富水性变差，且上部潜水已大部盐化，仅在地下深处埋藏有水质较好、水量较小的空隙承压水。由此可见，以水流为主要动力的干旱内陆河流域山前冲洪积扇缘、潜水溢出带、冲积平原的水文地质和土壤具有明显的分带性。从水文地质条件看，从单一结构的潜水含水层逐步过渡到潜水与承压水二元结构；地下水由水平径流形成逐步过渡到垂向运动，地下水埋深由深变浅，水质由好逐渐溶解、浓缩为微咸水；土壤由粗颗粒沙质土逐渐过渡到细颗粒的黏性土，含盐量与有机质逐渐增加。为此，要选择适应于这类水文地质条件与土壤条件的产业结构布局、灌排技术体系、水资源及地下水利用和保护模式，制定适应于流域水文地质条件的地下水开发利用的模式。

根据干旱区内陆河流域地形地貌和水资源形成、运移与消耗过程的特点，无论从来水和用水的角度，还是从利用和保护的角度来看，对一个流域来说，山区、绿洲和荒漠生态是一个完整的水循环过程，是内陆干旱区水文系统的三大组成部分。绿洲水循环强烈的人为作用与荒漠水循环自然衰竭变化是一个自上而下响应敏感的单向过程。绿洲经济和荒漠生态是内陆干旱区水资源利用两大竞争性用户，处于河流下游的荒漠生态用水，在不受水权保护的情况下，只能是被动的受害者。就干旱区内陆河流域水资源合理利用、生态环境保护而言，绿洲水文与荒漠水文是一个有机的整体。

2.2.2　降水与蒸发

塔里木河流域属暖温带极端干旱气候,该区多晴少雨,日照时间长,光热资源丰富。全流域多年平均降水量为 116.8mm,干流仅为 17.4~42.8mm。流域内蒸发强烈,山区一般为 800~1200mm,平原盆地为 1600~2200mm。干旱指数:高寒山区为 2~5,戈壁平原达 20 以上,绿洲平原为 5~20。夏季 7 月平均气温为 20~30℃,冬季 1 月平均气温为-10~20℃。年平均日较差(一日中最高气温与最低气温之差)4~16℃,年最大日较差一般在 25℃ 以上。年平均气温在 10℃ 以上,≥10℃ 年积温在 3300~4400℃ 以上。年日照时数为 2400~3200h,无霜期为 160~240d。

塔里木河流域高山环绕盆地,荒漠包围绿洲,植被种群数量少,覆盖度低,土地沙漠化和盐碱化严重,生态环境脆弱。干流区天然林以胡杨为主,灌木以红柳、盐穗木为主,它们生长的盛衰、覆盖度的大小,受水分条件的优劣而异。其生长较好的主要分布在阿拉尔到铁干里克河段的沿岸,远离现代河道和铁干里克以下,都有不同程度的抑制或衰败。

在远离海洋和高山环列的综合影响下,全流域降水稀少,降水量时空分布差异很大。流域降水量主要集中在春、夏两季,其中春季占 15%~33%;夏季占 40%~60%;秋季占 10%~20%;冬季只占 5%~10%;广大平原一般无降水径流发生,在流域北部西北边缘靠近高山区形成了相对丰水带,这也是塔里木河流域的主要供给水源区。盆地中部存在大面积荒漠无流区。降水量的地区分布,总的趋势是北部多于南部,西部多于东部;山地多于平原;山地一般为 200~500mm,盆地边缘为 50~80mm,东南缘为 20~30mm,盆地中心约为 10mm。全流域多年平均年降水量为 116.8mm,受水汽条件和地理位置的影响,"四源一干"多年平均年降水量为 236.7mm,是降水量较多的区域。蒸发能力很强,多年平均水面蒸发量为 855.4~1746mm,是降雨量的 20 倍左右。主要集中在 4—9 月,一般山区为 800~1200mm,平原盆地和沙漠为 1600~2200mm(以折算 E-601 型蒸发器的蒸发量计算)。

2.2.3 水系及径流

1. 水系

塔里木河流域水系由环塔里木盆地的阿克苏河、喀什噶尔河、叶尔羌河、和田河、开都河-孔雀河、迪那河、渭干河-库车河、克里雅河和车尔臣河等九大水系 144 条河流组成，流域面积 $102 \times 10^4 km^2$，其中山地占 47%，平原区占 20%，沙漠面积占 33%。流域内有 5 个地（州）的 42 个县（市）和生产建设兵团 4 个师的 55 个团场。塔河干流全长 1321km，自身不产流，历史上塔里木河流域的九大水系均有水汇入塔河干流。由于人类活动与气候变化等影响，目前与塔河干流有地表水力联系的只有和田河、叶尔羌河和阿克苏河三条源流，孔雀河通过扬水站从博斯腾湖抽水经库塔干渠向塔河下游灌区输水，形成"四源一干"的格局。由于"四源一干"流域面积占流域总面积的 25.4%，多年平均年径流量占流域年径流总量的 64.4%，对塔河的形成、发展与演变起着决定性的作用。由图 2.1 可知，塔里木河干流位于盆地腹地，属平原型河流。按地貌特点分为三段：肖夹克至英巴扎为上游，河道长 495km，河道比较顺直；英巴扎至恰拉为中游，河道长 398km，河道弯曲；恰拉以下至台特玛湖为下游，河道长 428km，河道纵坡较中游段大。塔河干流河床宽浅，水流散乱，河床沙洲密布，泥沙沿程大量淤积，导致河床不断抬高，河流来回改道迁移。20 世纪 60 年代以来，受干流两岸大量引水灌溉农田和漫灌草场等人类活动影响，干流主河槽输沙能力锐减，加速了河床淤积。

塔里木河流域主要河流特征见表 2-1。

表 2-1 塔里木河流域"四源一干"特征表

河流名称	河流长度（km）	流域面积（$10^4 km^2$）			附注
		全流域	山区	平原	
塔河干流区	1321	1.76		1.76	
开-孔河流域	560	4.96	3.30	1.66	包括黄水沟等河区
阿克苏河流域	588	6.23（1.95）	4.32（1.95）	1.91	包括台兰河等小河区

河流名称	河流长度（km）	流域面积（$10^4 km^2$）			附注
		全流域	山区	平原	
叶尔羌河流域	1165	7.98 (0.28)	5.69 (0.28)	2.29	包括提兹那甫等河区
和田河流域	1127	4.93	3.80	1.13	
合　计		25.86 (2.23)	17.11 (2.23)	8.75	

注：（ ）内数据为境外面积。

塔里木河干流位于盆地腹地，流域面积为 $1.76 \times 10^4 km^2$，属平原型河流。从肖夹克至英巴扎为上游，河道长为 495km，河道纵坡为 1/4600～1/6300，河床下切深度为 2～4m，河道比较顺直，河道水面宽一般为 500～1000m，河漫滩发育，阶地不明显。英巴扎至恰拉为中游，河道长为 398km，河道纵坡为 1/5700～1/7700，水面宽一般为 200～500m，河道弯曲，水流缓慢，土质松散，泥沙沉积严重，河床不断抬升，加之人为扒口，致使中游河段形成众多汊道。恰拉以下至台特玛湖为下游，河道长为 428km。河道纵坡较中游段大，为 1/4500～1/7900，河床下切一般为 3～5m，河床宽约 100m，比较稳定。

阿克苏河由源自吉尔吉斯斯坦的库玛拉克河和托什干河两大支流组成，河流全长 588km，两大支流在西大桥水文站汇合后，始称阿克苏河，流经山前平原区，在肖夹克汇入塔河干流。流域面积 $6.23 \times 10^4 km^2$（国境外流域面积 $1.95 \times 10^4 km^2$），其中山区面积 $4.32 \times 10^4 km^2$，平原区面积 $1.91 \times 10^4 km^2$。叶尔羌河发源于喀喇昆仑山北坡，由主流克勒青河和支流塔什库尔干河组成，进入平原区后，还有提兹那甫河、柯克亚河和乌鲁克河等支流独立水系。叶尔羌河全长 1165km，流域面积 $7.98 \times 10^4 km^2$（境外面积 $0.28 \times 10^4 km^2$），其中山区面积 $5.69 \times 10^4 km^2$，平原区面积 $2.29 \times 10^4 km^2$。叶尔羌河在出平原灌区后，流经 200km 的沙漠段到达塔河。

和田河上游的玉龙喀什河与喀拉喀什河，分别发源于昆仑山和喀喇昆仑山北坡，在阔什拉什汇合后，由南向北穿越塔克拉玛干大沙漠 319km 后，汇入塔河干流。

流域面积 4.93×10⁴km²，其中山区面积 3.80×10⁴km²，平原区面积 1.13×10⁴km²。

开都河-孔雀河流域面积 4.96×10⁴km²，其中山区面积 3.30×10⁴km²，平原区面积 1.66×10⁴km²。开都河发源于天山中部，全长 560km，流经 100 多千米的焉耆盆地后注入博斯腾湖。从博斯腾湖流出后为孔雀河。20 世纪 20 年代，孔雀河水曾注入罗布泊，河道全长 942km；70 年代后，流程缩短为 520 余 km，1972 年罗布泊完全干枯。随着入湖水量的减少，博斯腾湖水位下降，湖水出流难以满足孔雀河灌区农业生产需要。同时，为加强博斯腾湖水循环，改善博斯腾湖水质，1982 年修建了博斯腾湖抽水泵站及输水干渠，每年向孔雀河供水约 10×10⁸m³，其中约 2.5×10⁸m³ 水量通过库塔干渠输入恰拉水库灌区。

塔河最长河源为叶尔羌河上游的支流拉斯开木河，尾闾为台特玛湖，河流全长 2437km。塔河干流始于阿克苏河、叶尔羌河、和田河的汇合口——肖夹克，归宿于台特玛湖，全长为 1321km。塔河干流以及源流两岸的胡杨、柽柳和草甸，形成乔灌草的绿色植被带，是塔里木盆地四周人工绿洲的生态屏障，塔河干流下游恰拉以下的南北向河道两岸更是分隔塔克拉玛干和库姆塔格两大沙漠的绿色走廊，走廊面积为 4240km²。

表 2-2 塔里木河流域八大水系主要河流统计表

水系	河名	站名	集水面积（km²）	多年平均年径流量（10⁸m³）	径流组成(%)		
					冰川融水	雨雪混合	地下水
和田河	玉龙喀什河	同古孜洛克	14575	22.30	64.9	17.0	18.1
	喀拉喀什河	乌鲁瓦提	19983	21.64	54.1	22.1	23.8
	皮山河	皮山	2227	3.404	19.7	74.3	6.0
叶尔羌河	叶尔羌河	卡群	50248（47378）	65.66	64.0	13.4	22.6
	提孜那甫河	玉孜门勒克	5389	8.471	29.9	55.3	14.8
阿克苏河	托什干河	沙里桂兰克	19166	28.28	24.7	45.1	30.2
	库玛拉克河	协合拉	（10206）	48.98	52.4	30.4	17.2
	台兰河	台兰	1324	7.536	69.7	7.9	22.4

续表

水系	河名	站名	集水面积（km²）	多年平均年径流量（10⁸m³）	径流组成（%）		
					冰川融水	雨雪混合	地下水
渭干河	木扎提河	破城子	2845	14.46	80.0	0	20.0
	黑孜河	黑孜	3342	3.155	9.7	50.3	40.0
开—孔河	开都河	大山口	19022	34.94	15.2	44	40.8
	迪那河	迪那	1615	3.663	16.9	76.9	6.2
喀什噶尔河	克孜河	卡拉贝利	13700 -12430	21.29	24.7	45.1	30.2
	盖孜河	克勒克	9753	9.469	65.2	10.7	24.1
克里雅河	克里雅河	努努买买提兰干	7358	7.301	47.1	14.8	38.1
车尔臣河	车尔臣河	且末	26822	5.262	45.9	19.1	35

注：（ ）内数据为国外集水面积。

（1）塔河干流。塔河是典型的干旱区内陆河流，自身不产流，干流的水量主要由阿克苏河、叶尔羌河、和田河三源流补给。干流肖夹克至台特玛湖全长1321km，流域面积 $1.76×10^4km^2$。干流阿拉尔断面多年平均径流量 $45.9×10^8m^3$（1956 年 7 月—2005 年 6 月），输沙量 $2228×10^4t$。

（2）阿克苏河水。阿克苏河是现在塔河干流供水最多的一条源流。阿克苏河由库玛拉克河和托什干河两大支流汇合而成。两大支流分别发源于吉尔吉斯斯坦的阔科沙岭和哈拉铁热克山脉，入境后在阿克苏市西大桥上游汇合，称阿克苏河，流至肖夹克汇入塔河干流，流域面积 $6.83×10^4km^2$。

（3）叶尔羌河。叶尔羌河是塔河的主要源流之一，发源于昆仑山南麓南达坂。叶尔羌河由主流克勒青河和支流塔什库尔干河组成，还有提孜那甫河、柯柯亚河和乌鲁克河三条支流。叶尔羌河全长1165km，流域面积 $7.91×10^4km^2$。在出平原灌区后，流经 200km 的沙漠段后汇入塔河干流。

（4）和田河。和田河的两大支流玉龙喀什河与喀拉喀什河，分别发源于昆仑山和喀喇昆仑山北坡，在阔什拉什汇合后，由南向北穿越塔克拉玛干大沙漠 319km 后，汇入塔河干流。流域面积 $6.11 \times 10^4 km^2$。

（5）开都河-孔雀河。开都河发源于天山南麓中部依连哈比尔尕山，全长 560km，流经焉耆盆地后注入博斯腾湖，从博斯腾湖流出后称为孔雀河。开都河-孔雀河流域面积为 $5.00 \times 10^4 km^2$。博斯腾湖是我国最大的内陆淡水湖，湖面面积为 1228km²。1982 年修建了博斯腾湖西泵站及输水干渠，2007 年修建了博斯腾湖东泵站及输水干渠工程，将湖水扬入孔雀河。

（6）喀什噶尔河。喀什噶尔河流域包括克孜河、盖孜河、库山河、依格孜牙河、恰克玛克河、布谷孜河六条河流。喀什噶尔河自西流向东，全长 445.5km，我国境内长 371.8km。流域面积为 $8.14 \times 10^4 km^2$。

（7）渭干河。渭干河上游干流称木扎提河，源于西天山山脉汗腾格里峰东坡。渭干河干流长 284km，其中木扎提河长 252km，克孜尔水库以下渭干河长 32km。渭干河流域面积为 $4.25 \times 10^4 km^2$。

（8）车尔臣河。车尔臣河发源于昆仑山北坡的木孜塔格峰，是流向塔里木盆地的内陆河，河道全长 813km，流域面积为 $14.05 \times 10^4 km^2$。

（9）迪那河。迪那河地处天山南麓的哈尔克山南麓东侧及霍拉山南麓西侧区域。迪那河流域面积为 $1.24 \times 10^4 km^2$，出山口以上流域面积 1615×10⁴km²，河道长度约 85km。

（10）克里雅河。克里雅河发源于昆仑山山脉乌斯塔格山西侧克里雅山口一带，河流全长约 610km。克里雅河的流域面积为 $4.26 \times 10^4 km^2$。

（11）主要湖泊。塔里木河流域主要湖泊有博斯腾湖和台特玛湖。博斯腾湖面积为 1228km²，是我国最大的内陆淡水湖，它既是开都河的归宿，又是孔雀河的源头。博斯腾湖距博湖县城 14km，湖面海拔 1048m，东西长 55km，南北宽 25km，略呈三角形。湖水最深 16m，最浅 0.8~2m，平均深度 10m 左右。

台特玛湖位于塔河下游尾闾，是塔河及车尔臣河的中间湖。塔河断流前，下游河水曾一度流到罗布泊，后来河水改道，流入东南方向的台特玛湖。塔河下游断流后，尾闾台特玛湖变成了一片沙漠。近年来，通过向下游生态输水，结束了塔河下游河道持续断流和台特玛湖干涸近 30 年的历史，台特玛湖的生态已得到一定程度的恢复。

2. 径流

塔河干流洪水系由三源流山区暴雨及冰雪融水共同形成。据统计，三源流域内共有冰川 7200 多条，冰川总面积超过 13100km²，冰川储水量 1670km³，年冰川融水量超过 100×10⁸m³，冰川融水比超过 60%。因此，塔河洪水以冰雪融水为主，凡出现峰高、量大、历时长的洪水，全系冰雪融水所致。塔里木盆地夏季常处于高压天气系统控制之下，天气晴朗，光热充足，能提供冰雪融水的热量条件，如遇气温升幅大，高温持续时间长的气候条件，河流就会发生洪水，特别是昆仑山北坡的气温是影响洪水的首要因素。暴雨洪水在天山南坡相对较多，昆仑山中低山带亦有出现。这类洪水一般表现为峰高、量小、历时短。

据阿拉尔站 1956—2000 年实测资料统计，阿拉尔的年最大洪水发生在 7—9月，7 月发生 11 次，占 25%，8 月发生 30 次，占 68%；9 月发生 3 次，占 7%，由此可见，8 月份是年最大洪水多发期。阿拉尔站的洪水过程型式呈单峰或连续多峰型。单峰型洪水过程是由某一条源流或三源流洪峰遭遇形成，这种类型的洪水是由塔河干流大洪水的主要形式，其特点是洪峰高、洪量大，对塔河干流威胁严重；连续多峰型洪水过程是由三源流洪水交错形成，这种类型洪水的过程矮胖，洪峰一般不高，但洪量较大，历时较长，洪水沿程削减相对较少，对塔河干流威胁也较严重。

1999 年以前，塔河干流沿程洪水削峰率均较大，且中游河段大于上游河段。随着阿拉尔洪峰流量的减小，沿程洪峰削减率也相应减小。在现状条件下，即使阿拉尔站的洪峰流量达 2280m³/s，到达其下游的乌斯满站已基本上没有洪峰过程。

塔河近期治理工程实施前洪水由上游传播到下游需要 25d 左右，其中阿拉尔—新其满 2~3d，新其满—英巴扎 3~5d，英巴扎—乌斯满 5~7d，乌斯满—恰拉 8~10d。2001 年输水堤建成后，洪水传播时间有所缩短，英巴扎—乌斯满为 2d 左右。

塔里木河流域源流区河流主要以冰川和永久性积雪补给为主，塔里木河上游50 多年的平均径流量为 44.61×10⁸m³，年径流量最大值发生在 1978 年，最大值为 69.69×10⁸m³，年径流量最小值发生在 1972 年，最小值为 8.54×10⁸m³，最大值与最小值相差 61.15×10⁸m³，离差系数为 0.26~0.30，径流的年际变化幅度较小，这正反映了塔里木河流域属于典型的大陆性干旱气候的特点。自 20 世纪 80

年代以来,受气候变化的影响 1981—2014 年的年径流量变化幅度明显要比 1958—1980 年小,详见表 2-3。

表 2-3 塔里木河上游年径流量的变化趋势

年份	C_v 值	Kendall 秩次相关检验			累积滤波器法
		统计值	趋势	显著性	
1958—1980	0.30	−1.82	下降趋势	不显著	减少
1981—2014	0.26	−0.23	下降趋势	不显著	减少
1958—2014	0.29	−1.14	下降趋势	不显著	减少

过去 50 多年,塔里木河上游总体上呈现下降趋势。其中,1958—1980 年呈明显下降趋势,1981—2014 年呈下降趋势,但下降趋势不显著。根据 Kendall 秩次相关分析结果,在过去的 58 年里,年径流量的 MK 统计值为−1.14,未通过置信度为 95%的显著性检验,表明在过去 50 年的年径流量具有微弱的下降趋势。1958—1980 年、1981—2014 年的 M-K 统计量分别为−1.82 和−0.23,均未通过置信度 95%的显著性检验,但 1958—1980 年的年径流量下降趋势要比 1981—2014 年的显著得多,这反映了近年来气候变化导致流域内气温升高、降水量增加,呈明显增湿趋势的事实,塔里木河上游年径流量累积平均曲线如图 2.4 所示。

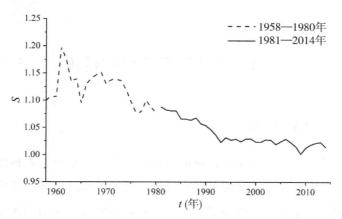

图 2.4 塔里木河上游年径流量累积平均曲线

2.3　社会经济状况

塔里木河流域是一个以维吾尔族为主体的多民族聚居区，有维吾尔、汉、回、柯尔克孜、塔吉克、哈萨克、乌兹别克等 18 个民族；行政范围包括巴音郭楞蒙古自治州、阿克苏地区、喀什地区、和田地区、克孜勒苏柯尔克孜自治州以及新疆生产建设兵团的农一师、农二师、农三师及农十四师 56 个团场的所在区域。

2016 年，流域总人口为 1163.75 万人，其中少数民族人口占总人口的 85.11%。据《2010 新疆统计年鉴》，农业人口为 708 万人，占流域总人口的 66.24%。全流域耕地面积 2540.15 万亩，农田有效灌溉面积 2306 万亩，林草灌溉面积 1219 万亩。粮食播种面积 1078.84 万亩，占全疆粮食播种面积的 43.60%；粮食总产量达 478.25 万吨，占全疆粮食总产的 52.61%；棉花播种面积 1039.43 万亩，占全疆棉花播种面积的 47.44%；棉花总产量达 113.73 万吨，占全疆棉花总产的 45.88%；年末牲畜总头数 2138 万头，占全疆年末牲畜总头数的 57.07%。2015 年国内生产总值为 2846.2 亿元，占全疆国内生产总值的 23.4%；流域人均生产总值为 43895 元，占全疆人均生产总值的 51.7%。流域城市化水平不高，工业发展落后，2015 年塔里木河流域工业增加值为 55.79 亿元，仅占全疆工业增加值的 9.3%。塔里木河流域仍是新疆主要的贫困地区，经济亟待发展。

2.4　土地利用及植被覆盖

2.4.1　土地利用情况

干流区一级主要土地类型有：耕地、林地、草地、水域、农村用地、未利用土地六个一级类型，其中，林地包括有林地、灌木林和疏林地，草地包括高覆盖度草地、中覆盖度草地和低覆盖度草地，水域包括河渠、湖泊和水库坑塘，未利用土地主要包括沙地、盐碱地、沼泽地、裸土地四个二级分类。

耕地主要分布在塔河上游，其次是塔河下游；林地主要分布在塔河干流两侧，草地主要分布在塔河中、下游，上游分布较少；水域主要分布在塔河河流内，少部分分布在水库坑塘、湖泊；未利用土地中沙地主要分布在河道南侧；盐碱地、沼泽地在整个干流区均有分布，裸土地主要分布在塔河中游。

叶尔羌河、阿克苏河、和田河、开都河、孔雀河五河流域土地类型除未利用土地中的滩涂、永久性冰川、雪地外，几乎涵盖了所有的一级土地利用种类，分别是耕地、林地、草地、水域、城镇及农村用地、未利用土地六个一级类型。其中耕地包括水田和旱地；林地包括有林地、灌木林地、疏林地、其它林地；草地包括高覆盖度草地、中覆盖度草地、低覆盖度草地；水域包括河渠、湖泊、水库坑塘、滩地；城乡、工矿及居民用包括城镇用地、农村居民点和其它建设用地三类；未利用地包括沙地、戈壁、盐碱地、沼泽地、裸土地及少量的裸岩石砾地。

塔河上游流域在 1990 年到 2000 年期间林地增加了 854km^2，水域增加了 284km^2，荒地裸地增加了 1270km^2，耕地增加了 1491km^2，而草地却减少了 3674km^2，城乡用地减少了 123km^2，塔河上游在 20 世纪 90 年代大量草地转化为林地、荒地和耕地。而 2000—2010 年期间，耕地大幅增加，增长 2487km^2，城乡用地有小幅增加，48km^2，而其余土地利用类型全部减少，林地减少 163km^2，草地减少 1272km^2，水域减少 500km^2，荒地裸地减少 600km^2。塔河上游耗水增加主要是由于耕地的增加造成的。见表 2-4。

表 2-4 　　　　　　　　　　塔河上游土地利用变化 　　　　　　（单位：km^2）

类型	1990 年	2000 年	ΔS	2000 年	2010 年	ΔS
林地	3211	4065	854	4065	3902	−163
草地	112327	108653	−3674	108653	107381	−1272
水域	19446	19730	284	19730	19230	−500
城乡用地	950	827	−123	827	875	48
荒地裸地	185958	187228	1270	187228	186628	−600
耕地	16025	17516	1491	17516	20003	2487

2.4.2 植被类型

塔河干流天然植被类型少、结构单纯，是我国植物种类最贫乏的地区之一。在植被区划中属暖温带灌木、半灌木荒漠区，分为河岸落叶阔叶林、温性落叶阔叶林灌丛、荒漠小乔木、半灌木、荒漠小半灌木、典型草甸、草本沼泽等植被类型，分属 26 科 63 属 86 种。以胡杨、灰杨为主的河岸林是塔河干流荒漠区的主体森林类型，也是我国胡杨林分布最集中的地区，在世界上占有极其重要的地位。灌木以柽柳属植物、铃铛刺、黑刺、白刺、梭梭为主；草本植物以芦苇、大花罗布麻、胀果甘草、花花柴、疏叶骆驼刺为主。

塔里木河流域的植被由山地和平原植被组成。山地植被具有强烈的旱化和荒漠化特征，中、低山带超旱生灌木，寒生灌木是最具代表性的旱化植被；高山带形成呈片分布的森林和灌丛植被及占优势的大面积旱生、寒旱生草甸植被。

干流区天然林以胡杨为主，灌木以红柳、盐穗木为主，另有梭梭、黑刺、铃铛刺等，草本以芦苇、罗布麻、甘草、花花柴、骆驼刺等为主。它们生长的盛衰、覆盖度的大小，受水分条件的优劣而异。林灌草分布，其生长较好的主要分布在阿拉尔到铁干里克河段的沿岸，远离现代河道和铁干里克以下，都有不同程度的抑制或衰败。

塔里木河流域平原区天然植被面积统计见表 2-5。

表 2-5　　　　　塔里木河流域平原区天然植被面积统计表

水资源分区		林草合计（万亩）	林地（万亩）				天然草地（万亩）
			有林地	灌木林地	疏林地	小计	
平原区		5296.8	423.6	427.7	514.4	1365.7	3931.1
塔河干流区	上游	949.9	214.4	136.1	187.6	538.1	411.8
	中游	936.3	101.5	70.4	110.0	281.9	654.4
	下游	244.5	18.9	4.8	38.1	61.8	182.7
	小计	2130.7	334.8	211.3	335.7	881.8	1248.9
阿克苏河流域		1540.2	6.8	67.1	3.6	77.5	1462.7
和田天河流域		461.6	72.2	134.1	75.6	281.9	179.7
开都河-孔雀河流域		1164.3	9.8	15.2	99.5	124.5	1039.8

塔里木河流域土地沙漠化十分严重，根据 1959 年和 1983 年航片资料统计分析，24 年间塔河干流区域沙漠化土地面积从 66.23%上升到 81.83%，上升了 15.6%。其中表现为流动沙丘、沙地景观的严重沙漠化土地上升了 39%。塔河干流上中游沙漠化土地集中分布于远离现代河流的塔河故道区域。下游土地沙漠化发展最为强烈，24 年间沙漠化土地上升了 22.05%，特别是 1972 年以来，大西海子以下长期处于断流状态，土地沙漠化以惊人的速度发展。在阿拉干地区严重沙漠化土地，已由 1958—1978 年年均增长率 0.475%上升到 1978—1983 年年均增长率 2.126%；中度沙漠化土地年均增长率亦由 0.051%增加到 0.108%。土地沙漠化导致气温上升，旱情加重，大风、沙尘暴日数增加，植被衰败，交通道路、农田及村庄埋没，严重威胁绿洲生存和发展。

塔里木河流域高山环绕盆地，荒漠包围绿洲，植被种群数量少，覆盖度低，土地沙漠化与盐碱化严重，生态环境脆弱。按照水资源的形成、转化和消耗规律，结合植被和地貌景观，塔里木河流域生态系统主要为径流形成区的山地生态系统，径流消耗和强烈转化区的人工绿洲生态系统，径流排泄、积累及蒸散发区的自然绿洲、水域及低湿地生态系统，严重缺水区或无水区的荒漠生态系统。由于自然环境演变和人类活动的加剧，塔里木河流域的生态系统发生了较大的变化，主要表现为"四个增加、四个减少"，即：人工水库、人工植被、人工渠道、人工绿洲生态增加，自然河流、天然湖泊、天然植被、天然绿洲生态减少。生态系统演变的趋势，可以概括为"两扩大"和"四缩小"，即：人工绿洲与沙漠同时扩大，而处于两者之间的自然林地、草地、野生动物栖息地和水域缩小。

用生态脆弱性指数作为评价标准，阿克苏河流域的生态脆弱性属轻微脆弱，叶尔羌河流域为一般脆弱，和田河流域属中等脆弱；塔河干流区上游的生态脆弱性属一般脆弱，中游属中等脆弱，下游属严重脆弱。

第3章 塔里木河流域60年来天然径流变化分析

3.1 数据与方法

3.1.1 数据来源

本书收集了塔里木河流域阿克苏河、叶尔羌河、和田河及塔里木河干流上协合拉、沙里桂兰克、乌鲁瓦提、同古孜洛克、卡群、阿拉尔6个水文站1957—2016年的实测径流资料。其中，阿克苏河天然径流系列资料为库玛拉克河协合拉水文监测数据和托什干河沙里桂兰克水文监测数据之和，协合拉水文站1973—1974年的天然径流采用插补值，和田河天然径流采用喀拉喀什河乌鲁瓦提水文监测数据和玉龙喀什和同古孜洛克水文监测数据之和，乌鲁瓦提水文站1968—1970年、1972—1976年和同古孜洛克水文站1957—1961年的径流采用插补值，叶尔羌河天然径流采用卡群水文监测数据，塔里木河干流天然径流采用阿拉尔水文监测数据，阿拉尔水文站1972—1973年、1975年的径流采用插补值。

降水、气温数据来源于中国气象数据网1961—2016年的数据。本书选取了塔里木河流域22个气象站点，采用泰森多边形法求得各流域的面平均降水和平均气温。其中，鉴于塔里木河干流径流采用的阿拉尔水文站的监测径流数据，其反映的是流域上游的水文情况，计算流域平均降水和气温时也相应地只计算了上游平均值。

3.1.2 研究方法

利用收集到的径流资料，采取非参数检验方法分析了阿克苏河、叶尔羌河、和田河、塔里木河干流天然径流和阿克苏河、叶尔羌河、和田河径流之和(以下简称上游三源流径流)的趋势及突变，并运用时段分析法分析不同时段天然径流变化状况，研究讨论降水和气温对天然径流变化的影响。

1. Mann-Kendall 趋势检验法

在时间序列趋势分析中，Mann-Kendall 趋势检验法是世界气象组织推荐并已广泛使用的非参数检验方法。该方法最初由 Mann 和 Kendall 提出，后经许多学者不断应用和完善。该方法常被用来分析降水、气温、径流和水质等要素随时间的变化趋势。Mann-Kendall 检验不需要样本遵从一定的分布，也不受少数异常值的干扰，适用于水文、气象等非正态分布的序列。

对于某一具体序列，利用 Mann-Kendall 趋势检验法可以计算得到统计序列 UF_k 和 UB_k。如果 $UF_k>0$，表明原始序列呈上升趋势；如果 $UF_k<0$，则表明呈下降趋势；当其超过指定显著性水平线时，表明上升或下降趋势显著。如果 UF_k 和 UB_k 这两条曲线出现交点，且交点在显著性水平线之间，那么交点对应的时刻就是突变开始的时刻。

2. Pettitt 突变检验法

Pettitt 法适用于对气象、水文等序列进行突变检验最常用的方法，该方法首先定义了检验统计量 $U_{t,n}$，即

$$U_{t,n} = \sum_{i=1}^{t} \sum_{j=t+1}^{n} \text{sgn}(x_j - x_i), \ 1 \leqslant t \leqslant n$$

式中，x_i、x_j 为待检验序列中的变量；n 为序列长度；$U_{t,n}$ 是根据第一个样本序列超过第二个样本序列次数统计组成的新序列。Pettitt 法原假设 H_0 为序列不存在突变点。若时刻满足：

$$K_\tau = |U_{\tau,n}| = \max |U_{t,n}|$$

则 τ 点处为突变点。同时可计算统计量：

$$p = 2\exp\left(\frac{-6K_\tau^2}{T^2 + T^3}\right)$$

如果 $p \leqslant 0.05$，则认为检测出的突变点 τ 在统计意义上是显著的。τ 点为被检验序列的第一级突变点；以时间 τ 作为分界线将原有序列分为两个时序，重复上述方法继续检测新的突变点，将得到多级突变点。

3. 趋势时段分析法

通过 Pettitt 突变检验法，可计算出塔里木河流域阿克苏河、叶尔羌河、和田河及塔里木河干流天然径流的突变点，该突变点表明突变前后天然径流变化趋势较为显著。若突变点为 A 年，则 1957—A 年与 A 年至 2016 年的天然径流系列具有显著的突变。

以 A 年和 2000 年作为划分点，可研究不同时段天然径流变化状况，见表 3-1。

表 3-1　　　　　　　　　　　天然径流年际分析时段划分

划分点	时段系列	时段名称	含　义
A	1957 年至 A 年	时段 1	突变点前天然径流状况
A	A 年至 2016 年	时段 2	突变点后天然径流状况
2000 年	1957—2000 年	时段 3	20 世纪后 50 年天然径流状况
2000 年	2001—2016 年	时段 4	21 世纪前 16 年天然径流状况

4. 年代时段分析法

利用收集的 1957—2016 年的实测径流资料，按照不同年代划分为 1960 年、1970 年、1980 年、1990 年、2000 年、2011—2016 年等序列，研究塔里木河流域阿克苏河、叶尔羌河、和田河及塔里木河干流不同年代多年平均天然径流情况及其趋势性，利用 P-Ⅲ型曲线分析天然径流频率。

3.2 塔里木河流域天然径流变化分析

3.2.1 趋势性分析

利用 Mann-Kendall 趋势检验法对阿克苏河、叶尔羌河、和田河、上游三源流及塔里木河干流径流系列进行趋势性检验，检验结果见图 3.1。图中，实线表示序列的 M-K 统计值 UF_k、UB_k，虚线表示 0.05 显著性水平临界值 ±1.96；UF_k 实线可反映径流序列的变化趋势，UF_k、UB_k 两实线的交点可反映径流序列的突变情况。

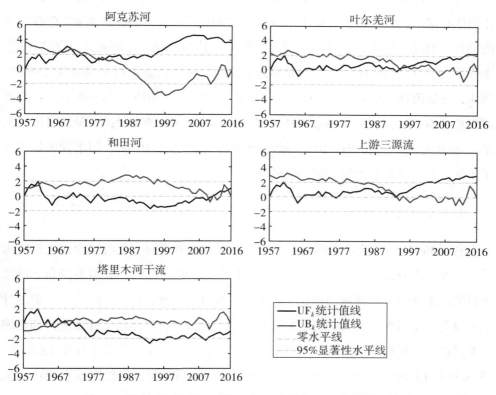

图 3.1 塔里木河流域"三源一干"天然径流 M-K 趋势检验结果

由图 3.1 可知,在研究时段内,阿克苏河、叶尔羌河、上游三源流径流的 UF_k 线基本保持在零水平线以上,说明径流有增加的趋势;并且三者的 UF_k 线分别于 1994 年、2014 年、2005 年超出 1.96 显著性水平线,说明径流增加趋势显著。而对于和田河流域,其天然径流的 UF_k 线在 1972 年以前在零水平线上下波动,1972 年以后基本保持在零水平线以下,自 2011 年以后又超过零水平线,但其 UF_k 线始终在两显著性水平线范围内,说明和田河径流整体存在下降的趋势,2011 年以后又开始有增加的趋势,但在研究时段内变化趋势不显著。对于塔里木河干流,1972 年以前其径流的 UF_k 线在零水平线以上,1972 年以后下降至零水平线以下,并且在整个研究时段内 UF_k 线基本保持在两显著性水平线范围内,这说明塔里木河干流径流整体存在下降的趋势,但统计上并不显著。

杨鹏等(2022)采用较短的数据(2003—2012 年)分析塔里木河流域径流的变化规律并指出,近年来,塔里木河流域上游源区径流(出山口来水量)存在增加的趋势,但进入塔里木河干流的水量(阿拉尔站水文站)明显减少。究其原因,主要是由源流区(出山口以下流域部分)人类活动加强导致用水增加所造成的。例如,三源流地区的人口从 1950 年的 156 万人增加到 2015 年的 995 万人;灌溉面积从 1950 年的 $0.35×10^4 km^2$ 增加到 2015 年的 $1.37×10^4 km^2$;三源流灌区用水量从 20 世纪 50 年代的 $50×10^8 m^3$ 增加到 2015 年的 $278×10^8 m^3$,用水量增加超过了 4 倍,从而导致下泄到干流的水量减少。

3.2.2　突变分析

利用 Pettitt 检验方法对阿克苏河、叶尔羌河、和田河、上游三源流天然径流系列突变点进行检验,结果见表 3-2。结果表明,阿克苏河、叶尔羌河和上游三源流的径流在研究时段内均存在显著突变,和田河径流存在一定的突变,但统计上不显著。这与图 3.1 反映的结果基本一致。同时,阿克苏河、叶尔羌河和上游三源流的突变时间均发生在 1993 年,突变后径流较突变前分别增加了 18.55%、13.88% 和 13.89%。和田河径流的突变点发生在 2000 年,虽然突变在统计意义上不显著,但突变前后径流仍有较大增幅,为 15.05%。

表 3-2   塔里木河流域"三源一干"天然径流 Pettitt 突变检验结果

河名	Pettitt 检验			突变前后水量($10^8 m^3$)		
	p 值	是否显著	突变年份	前	后	相对变化(%)
阿克苏河	0.00	是	1993	22.62	26.81	18.55
叶尔羌河	0.05	是	1993	20.12	22.91	13.88
和田河	0.25	否	2000	13.69	15.75	15.05
上游三源流	0.00	是	1993	41.52	47.29	13.89

3.2.3 年际变化分析

根据 Pettitt 检验结果,确定塔里木河流域阿克苏河、叶尔羌河以及上游三源流径流序列在 1993 年均发生显著的突变。和田河径流的突变点虽与其他河流不一致,但其突变并不显著。因此,将 1993 年作为塔里木河"三源一干"径流突变发生的年份,即将表 3-1 中 A 设定为 1993,以 1993 年、2000 年、2010 年为划分点,将整个 60 年研究时段划分为不同的子时段,研究天然径流的变化。对不同时段天然径流系列进行计算,结果见表 3-3。

表 3-3   塔里木河"三源一干"天然径流年际变化分析结果 (单位：$10^8 m^3$)

时段名称	时段系列	阿克苏河	叶尔羌河	和田河	上游三源流	干流
时段 1	1957—1993 年	71.72	63.80	43.31	131.67	45.59
时段 2	1994—2016 年	85.02	72.65	48.12	149.96	45.54
	时段 2—时段 1	13.30	8.86	4.81	18.29	−0.05
	时段增减比例	18.5%	13.9%	11.1%	13.9%	−0.1%
时段 3	1957—2000 年	75.06	65.38	43.41	135.49	45.71
时段 4	2001—2016 年	81.66	72.17	49.94	147.45	45.17
	时段 4—时段 3	6.60	6.80	6.53	11.96	−0.55
	时段增减比例	8.8%	10.4%	15.0%	8.8%	−1.2%

分析表 3-3,可知:

(1)1993 年、2000 年前后塔里木河流域上游三源流总径流均有增加趋势。

1993 年前后，上游三源流总径流由时段 1 的 $131.67 \times 10^8 \mathrm{m}^3$ 增加到时段 2 的 $149.96 \times 10^8 \mathrm{m}^3$，增加 13.9%；2000 年前后，三源流总径流由时段 3 的 $135.49 \times 10^8 \mathrm{m}^3$ 增加到时段 4 的 $147.45 \times 10^8 \mathrm{m}^3$，增加 8.8%。

（2）1993 年后塔里木河上游三源流阿克苏河、和田河、叶尔羌河来水径流均有增加趋势。其中，阿克苏河增加趋势最为明显，由时段 1 的 $71.72 \times 10^8 \mathrm{m}^3$ 增加到时段 2 的 $85.02 \times 10^8 \mathrm{m}^3$，增加 18.5%；叶尔羌河流域次之，由时段 1 的 $63.8 \times 10^8 \mathrm{m}^3$ 增加到时段 2 的 $72.65 \times 10^8 \mathrm{m}^3$，增加 13.9%；和田河流域第三，由时段 1 的 $43.31 \times 10^8 \mathrm{m}^3$ 增加到时段 2 的 $48.12 \times 10^8 \mathrm{m}^3$，增加 11.1%。

（3）相比于 20 世纪后 50 年（时段 3），21 世纪前 16 年塔里木河上游阿克苏河、和田河、叶尔羌河径流均有增加趋势。其中，和田河增加趋势最为明显，增加幅度为 15.0%；其次是叶尔羌河，增加幅度为 10.4%；阿克苏河第三，增加幅度为 8.8%。

3.2.4　年代际变化分析

利用年代时段分析法，将资料划分为 1960 年、1970 年、1980 年、1990 年、2000 年、2011—2016 年等系列，研究塔里木河"三源一干"不同年代多年平均天然径流情况及其趋势性，其中，天然径流频率采用 P-Ⅲ型曲线分析。结果见表 3-4。

表 3-4　　　塔里木河"三源一干"天然径流年代际变化分析结果 （单位：$10^8 \mathrm{m}^3$）

	多年平均	1960 年	1970 年	1980 年	1990 年	2000 年	2011—2016 年
阿克苏河							
总径流量	77.0	73.4	71.7	72.5	85.4	87.7	81.7
来水频率		60%	67%	64%	20%	16%	30%
叶尔羌河							
总径流量	66.3	63.3	66.6	63.2	68.8	71.1	67.6
来水频率		60%	52%	60%	40%	35%	45%
和田河							
总径流量	44.1	44.0	45.8	41.7	41.4	47.1	43.3
来水频率		48%	40%	59%	60%	35%	50%

续表

	多年平均	1960 年	1970 年	1980 年	1990 年	2000 年	2011—2016 年
上游三源流							
总径流量	187.4	180.6	184.2	177.4	195.6	205.9	200.5
来水频率		60%	55%	65%	35%	24%	30%
塔里木河干流							
总径流量	45.4	51.6	43.9	44.8	42.6	42.6	42.6
来水频率		28%	53%	56%	60%	60%	60%

从表 3-4 可以看出，阿克苏河、叶尔羌河、和田河和上游三源流径流在 1960 年、1970 年、1980 年的平均流量基本都比多年平均流量小，而在 1990 年、2000 年和 2011—2016 年的平均流量基本都比多年平均流量大，这也进一步说明塔里木河三源流径流在 20 世纪 90 年代存在一定的突变，并且突变后流量存在增加的趋势。而塔里木河干流径流，除了在 1960 年的平均流量较大外，其他年代的平均流量都比多年平均流量小。这与 Mann-Kendall 趋势检验的结果一致，即塔里木河干流流量在分析时段内存在减小的趋势。

3.3 径流变化原因分析

为了解释径流变化的原因，采用 Mann-Kendall 法检验了阿克苏河、叶尔羌河、和田河和塔里木河干流多年平均日降水量和气温的变化趋势。

由图 3.2 可知，在 1961—2015 年期间，阿克苏河、叶尔羌河流域降水存在显著增加的趋势；和田河流域降水先减少后增加，干流降水存在增加的趋势，但两者变化趋势均不显著。对比图 3.1 和图 3.2 可以发现，阿克苏河、叶尔羌河、和田河和三源流的径流变化过程与降水的变化过程基本一致。考虑到三源流径流为出山口流量，在出山口以上受人类活动的影响较小，径流的变化主要反映气候变化的影响，因此可以认为塔里木河源流地区径流的改变受降水变化的影响较大。

对阿克苏河、叶尔羌河、和田河和塔里木河干流年平均日气温进行趋势分析（图 3.3）可知，阿克苏河、叶尔羌河、和田河和塔里木河干流流域气温均有升高的趋势，并且从 20 世纪 90 年代开始显著升高。这与全球气候变暖的背景吻合。

气温升高导致塔里木河流域源区冰川消融增强，也是天然径流发生变化的重要原因之一。但通过趋势分析并不能有效区分降水变化与冰雪融水变化的贡献，径流变化的归因分析有待进一步借助于水文模型进行研究。

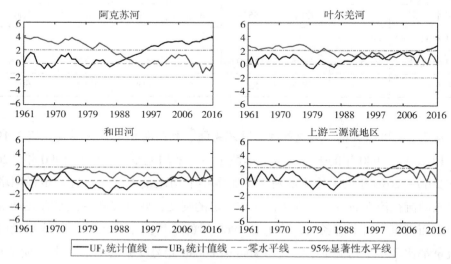

图 3.2　塔里木河流域"三源一干"平均日降水量 M-K 趋势检验结果

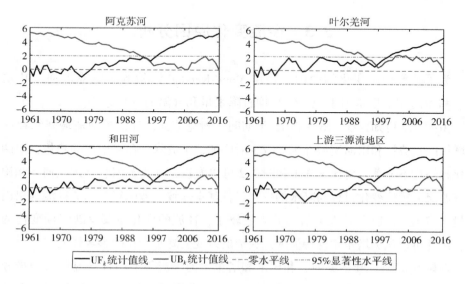

图 3.3　塔里木河流域"三源一干"日平均气温 M-K 趋势检验结果

3.4　小　　结

（1）塔里木河流域三源流径流在 1959—2016 年内显著增加，但干流流量显著减小。

（2）塔里木河流域三源流径流在 20 世纪 90 年代存在显著突变，突变前后径流呈增加趋势。

（3）塔里木河流域三源流径流增加强度在 1993 年前后从强到弱依次为阿克苏河、叶尔羌河、和田河，进入 2000 年后从强到弱依次为和田河、叶尔羌河、阿克苏河，说明进入 2000 年后塔里木河流域气候转湿从南到北依次减弱。

（4）塔里木河流域三源流径流的变化与降水的变化过程一致；气温升高引起冰雪融化也是径流变化的原因之一；源区人类活动加强导致用水量增加是干流径流量减少的重要原因。

第4章 绿洲作物/植被理论需水特征分析

自 2000 年以后，我国西北干旱区的蒸散量由减小趋势逆转为显著的上升趋势。阿克苏河流域位于我国西北部干旱区，受区域地形和气候因素的影响，蒸散耗水能力极强，是对气候变化的敏感地区之一。水资源短缺已严重影响阿克苏灌区的生态环境和社会经济的持续快速发展。蒸散量是气候变化及水分循环中极其重要的关键因素，分析潜在蒸散量的时空分布特征及其对气候因子的响应，有助于深入理解气候变化对阿克苏河流域水分循环的影响。

作物/植被理论需水量亦称为作物/植被蒸发蒸腾量，是发生在土壤-植被-大气系统体系内的复杂的连续过程。计算作物/植被蒸发蒸腾量的方法较多，常用方法包括水量平衡法、气象数据估算法、仪器测量法和能量平衡法等。本研究根据阿克苏灌区内需水作物/植被的特点，结合当地气候、地形等特征，基于覆盖灌区及周边的 7 个国家一、二级气象自动观测台站逐日气象观测数据，选取了1998 年世界粮农组织（FAO）修正的 Penman-Monteith 模型，计算了参考作物蒸发蒸腾量（ET_0），进行了空间数据的插值分析，分别在空间和时间两个维度上研究了阿克苏灌区作物/植被的理论需水量的时空变化特征，旨在为今后阿克苏灌区水资源科学管理、高效利用提供依据。

4.1 研究方法

4.1.1 气象数据收集

收集了阿克苏灌区及周边地区的共 7 个国家一、二级气象自动观测台站

1972—2014 年月平均气温、月最高气温、月最低气温、月平均相对湿度、月平均风速和月日照时数等基础数据（来源于国家气象中心地面气候资料日值数据集）。其中，季节按 3—5 月为春季、6—8 月为夏季、9—11 月为秋季、12 月—次年 2 月为冬季的标准划分。涉及的 6 个气象台站概况如表 4-1 所示。

表 4-1 气象台站概况

站点号	站名	经度(°)	纬度(°)	海拔(m)
51628	阿克苏	80.2333	41.1667	1103.8
51701	吐尔尕特	75.4000	40.5167	3504.4
51633	拜城	81.9000	41.7833	1229.2
51644	库车	82.9667	41.7167	1081.9
51711	阿合奇	78.4500	40.9333	1984.9
51720	柯坪	79.0500	40.5000	1161.8
51730	阿拉尔	81.2667	40.5500	1012.2

4.1.2 ET_0 模型估算

参考作物蒸发蒸腾量的估算方法有很多，是一种假想的参考作物/植被冠层的蒸发蒸腾速率。假设参考作物/植被的固定叶面阻力为 70s/m，叶面反射率为 0.23，类似于表面开阔、高度一致、生长旺盛、完全覆盖地表的绿色草地的蒸发蒸腾速率。本研究采用 1998 年世界粮农组织（FAO）修正的 Penman-Monteith 模型计算参考作物蒸发蒸腾量（ET_0），模型如下：

$$ET_0 = \frac{0.408\Delta(R_n - G) + \gamma \frac{900}{T + 273}U_2(e_s - e_a)}{\Delta + \gamma(1 + 0.34U_2)} \qquad 式(4.1)$$

式中，ET_0 为参考作物蒸发蒸腾量（mm/d）；R_n 为作物/植被表面的净辐射量（$MJ/(m^2 \cdot d)$）；G 为土壤热通量（$MJ/(m^2 \cdot d)$）；T 为 2m 高度上的平均气温（℃）；U_2 为 2m 高度上的平均风速（m/s）；e_s 为温度为 T 时的饱和水汽压（kPa）；e_a 为温度为 T 时的实际水汽压（kPa）；Δ 为饱和水汽压与温度曲线的斜率

（kPa/℃）；γ 为干湿表常数（kPa/℃）。

作物/植被表面的净辐射量 R_n 的计算方法如下：

$$R_n = R_{ns} - R_{nl}$$

$$R_{nl} = \sigma\left(\frac{T_{\max,k}^4 + T_{\min,k}^4}{2}\right)(0.34 - 0.14\sqrt{e_a})\left(1.35\frac{R_s}{R_{so}} - 0.35\right)$$

$$R_{ns} = 0.77R_s$$

$$R_s = \left(0.25 + 0.5\frac{n}{N}\right)R_a$$

$$R_{so} = [0.75 + 2(\text{Altitude})/100000]R_a$$

$$R_a = \frac{24(60)}{\pi}G_{sc}d_r(\omega_s\sin\varphi\sin\delta + \cos\varphi\cos\delta\sin\omega_s)$$

$$d_r = 1 + 0.033\cos\left(\frac{2\pi}{365}J\right)$$

$$\delta = 0.409\sin\left(\frac{2\pi}{365}J - 1.39\right)$$

式中，R_{ns} 为净短波辐射通量（MJ/（m^2 · d））；R_{nl} 为黑体净长波辐射通量（MJ/（m^2 · d））；R_s 为短波辐射通量（MJ/（m^2 · d））；R_a 为大气顶层接受的太阳辐射通量（MJ/（m^2 · d））；G_{sc} 为太阳常数 0.082；d_r 为日地相对距离；δ 为太阳磁偏角（rad）；φ 为纬度（rad）；ω_s 为日落时的角度（rad）；J 为年内天数；N 为可能的最大日照时数；n 为实际日照时数；σ 为玻尔兹曼常数（MJ/（m^2 · d））；$T_{\max,k}$ 为绝对温度（K），$T_{\max,k} = T_{\max} + 273.16$；Altitude 为研究区的海拔高度（m）。

其他参数计算方法如下：

$$G = 0.12[T_i - (T_{i-1} + T_{i-2} + T_{i-3})/3]$$

$$e_s = 0.6108\exp\left(\frac{17.27T}{T + 237.3}\right)$$

$$e_a = e_s\text{RH}_{\text{mean}}$$

$$\Delta = \frac{4098e_s}{T + 237.3}$$

$$\gamma = 0.00163\frac{P}{\lambda}$$

式中，T_i 为当日平均气温（℃）；T_{i-1}、T_{i-2}、T_{i-3} 为前三日的平均气温（℃）；RH_{mean} 为平均相对湿度（%）；P 为大气压（kPa）；λ 为蒸发潜热（MJ/kg）。

4.1.3　非参数趋势检验

采用 Mann-Kendall 非参数单调趋势检验法，分析气候要素的长期变化趋势。该方法定量化程度较高，且不必事先假定数据的分布特征，广泛应用于趋势分析。趋势检验中，用 Kendall 倾斜度 β 评价单调趋势。计算如下：

$$\beta = \text{Median}\left\{\frac{x_i - x_j}{i - j}\right\}, \quad \forall j < i$$

式中，$1 \leqslant j < i \leqslant n$。当 $\beta > 0$ 时，表示上升趋势，检验对象随时间增大；当 $\beta < 0$ 时，表示下降趋势，检验对象随时间减小。

通过 Mann-Kendall 趋势检验，得到正序潜在蒸散统计量曲线和反序潜在蒸散统计量曲线。若正序和反序统计量曲线存在交点，且该交点位于置信度区间内，则该交点为突变点；若正序和反序统计量曲线超过置信度区间，则超过置信度区间的部分即为突变发生的时间范围；若正序和反序统计量曲线均位于置信度区间内，则不存在显著变化趋势。此外，依据滑动 T 检验原则验证 Mann-Kendall 检验，判定真正的突变点。

4.1.4　贡献率的计算

利用多元回归分析方法分析各个气象因子对潜在蒸散量变化的影响，并研究各个气象因子对潜在蒸散量变化相对贡献率的大小。各气象因子和潜在蒸散量在经过标准化处理后，对标准化后的数据序列进行回归分析，得到标准化后的序列回归模型，各气象因子对潜在蒸散量变化的贡献率计算如下：

$$Y_s = aX_{1s} + bX_{2s} + cX_{3s} + \cdots$$

$$\eta_1 = \frac{|a|}{|a| + |b| + |c| + \cdots}$$

$$\eta_2 = \frac{a\Delta X_{1s}}{\Delta Y_s}$$

式中，Y_s 为潜在蒸散量标准化值；X_{1s}，X_{2s}，X_{3s}，$\cdots$ 分别为各气象因子标准化值；a、b、c 为序列标准化后回归系数；η_1 为 X_1 变化对 Y 变化的相对贡献率；η_2 为 X_1 变化对 Y 变化的实际贡献率；ΔX_{1s} 为 X_{1s} 的变化量，ΔY_s 为 Y_s 的变化量。

4.1.5 空间插值及曲线拟合

计算 7 个站点的 ET_0 的年际变化、季节变化，采用反距离权重法（Inverse Distance Weighted，IDW），对 7 个站点的数据进行空间数据内插；采用多元曲线回归法，拟合 ET_0 的变化趋势。

4.2 结 果 分 析

4.2.1 多年平均 ET_0 空间分布

ET_0 的空间分布与气候条件和地形地势有紧密关系。阿克苏灌区常年干旱少雨、蒸发量大；在地势上呈现西北高、东南低的趋势，地形自西北向东南倾斜，灌区北部为山区，中部为谷地平原，东南部与沙漠接壤。计算结果表明，阿克苏灌区多年平均 ET_0 介于 1118~1241mm。中部以北地区受年降水量、风速和日照等气象因子的影响，ET_0 介于 1118~1174mm，相对偏低；西南部、南部地区 ET_0 相对较高，介于 1165~1241mm。总体上，灌区年均 ET_0 为 1166mm。

阿克苏灌区 ET_0 的季节分布不均匀，如图 4.1 所示。春、夏、秋、冬季的多年平均 ET_0 分别为 376mm、525mm、212mm、67mm。空间分布方面，春、夏、秋、冬季多年平均 ET_0 基本呈现与全年平均一致的规律，即中部以北地区相对偏低，西南部、南部地区相对较高。在进行水资源空间配置时，应重点加强西南部、南部地区需水作物和植被的水源供应，以实现灌区灌溉用水的合理布局。

一年中，作物/植被的蒸发蒸腾主要发生在春季和夏季，占全年蒸发蒸腾量的 76.4%，为了给作物/植被提供更好的生长条件、提高生长效率，应在春季特别是夏季保障供应足够的灌溉用水；秋季和冬季则相对较少，仅占全年蒸发蒸腾量的 23.6%。具体月份方面，5、6、7 月的月均 ET_0 合计为 533mm，占全年的 45.1%，是全年中作物/植被蒸发蒸腾最旺盛的时段；1 月、2 月、11 月、12 月四个月份的月均 ET_0 合计为 99mm，仅占全年的 8.4%，如图 4.2 所示。

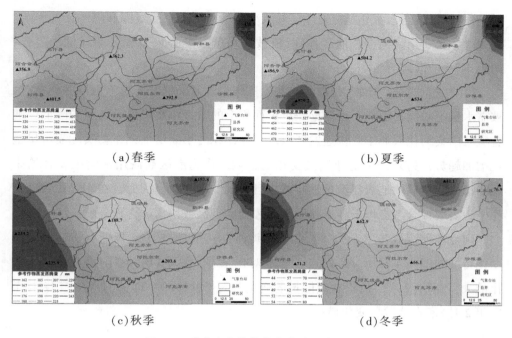

图 4.1 季节参考作物蒸发蒸腾量空间分布

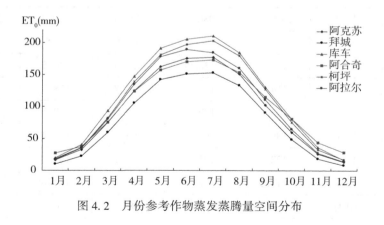

图 4.2 月份参考作物蒸发蒸腾量空间分布

4.2.2 长时间序列 ET_0 变化分析

受全球气候变化的影响，阿克苏灌区近43年间在降水量、风速、日照、气温和冰川融雪量等方面均有不同程度的变化，加之需水作物/植被的面积不断增加，作物/植被需水量亦随之发生了较大变化。总体上，受气温和降水量的影响，自 20 世纪 70 年代至今，灌区作物/植被年均蒸发蒸腾量呈现逐渐降低的趋势，如表 4-2 和图 4.3 所示。

需要注意的是，作物/植被年均蒸发蒸腾量逐渐降低并非意味着灌区作物/植被需水量绝对值在减少，仅能反映单位面积上的参考作物蒸发蒸腾量的降低。随着灌区内集约化农业生产快速发展以及耕作面积的不断增加，作物实际需水量呈现增加趋势；另外，受全球气候变化的影响，作为灌区灌溉用水的主要补给来源，冰川融雪后的地表径流量逐年减少且呈现波动变化。因此，在水资源管理工作中，需要综合考虑以上各影响因素，才能实现高效用水、合理分配。

阿克苏河流域各站点季节、多年平均潜在蒸散量经 IDW 插值分析后的空间变化特征如图 4.4 所示。各站点各季节对比来看，夏季(6—8 月)潜在蒸散量变化最大，春季(3—5 月)潜在蒸散量的变化略大于秋季(9—11 月)，冬季(12 月至次年 2 月)潜在蒸散量变化最小。

表 4-2 参考作物蒸发蒸腾量年代际变化

季节	月份	1970 年	1980 年	1990 年	2000 年	2010 年
春季	3 月	82.4	79.5	76.2	74.5	76.8
	4 月	128.6	138.9	128.4	124.5	118.7
	5 月	174.2	178.1	166.7	158.7	160.3
夏季	6 月	193.4	187.0	179.9	169.5	173.3
	7 月	189.5	191.6	183.7	174.4	172.3
	8 月	172.3	165.3	161.1	149.7	147.1
秋季	9 月	117.9	118.9	114.2	104.6	104.5
	10 月	71.8	74.0	68.9	61.0	63.0
	11 月	31.6	33.4	30.8	28.4	28.6
冬季	12 月	16.8	17.7	17.0	15.1	13.5
	1 月	18.6	18.3	19.9	16.7	16.4
	2 月	35.0	32.8	35.3	33.4	33.3
全年		1232.0	1235.4	1182.1	1110.6	1107.8

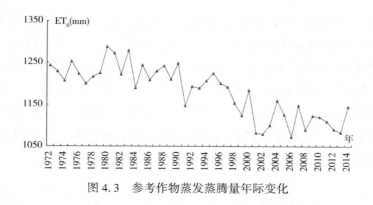

图 4.3　参考作物蒸发蒸腾量年际变化

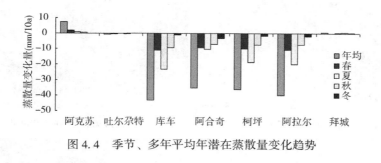

图 4.4　季节、多年平均年潜在蒸散量变化趋势

结果表明，多年平均潜在蒸散量具有季节性变化的规律，其中，夏季的贡献相对最大，春季的贡献率大于秋季，冬季的贡献率相对最小。以库车站为例，多年平均潜在蒸散量以 43.3mm/10a 的速率在减小，春季潜在蒸散量以 11.0mm/10a 的速率减小，夏季潜在蒸散量减小速率最大，为 23.1mm/10a，秋季潜在蒸散量减小速率略小于春季，为 9.4mm/10a，冬季潜在蒸散量的减小速率最小，为 1.1mm/10a。

除阿克苏站的季节及年均潜在蒸散量在逐渐增大之外，库车站、阿合奇站、柯坪站和阿拉尔站的季节及年均潜在蒸散量均呈现逐渐减小的趋势，吐尔尕特站和拜城站的季节及年均潜在蒸散量的变化趋势相当微弱。

4.2.3　ET$_0$ 变化空间分布

图 4.5 所示为阿克苏灌区各时期 ET$_0$ 的距平空间分布插值结果。总体上，阿克苏灌区各时期 ET$_0$ 的变化较为显著，灌区整体呈现逐渐降低的趋势。20 世纪

70 年代期间，各站点的 ET_0 均高于平均值，其中，灌区南部较高，西北部较低，呈现由西北向东南逐渐升高的趋势。20 世纪 80 年代，中北部地区(阿克苏市北部、温宿西南部)变化较大，主要受当时降水量的影响；西南部(阿瓦提县中部)和西北部(乌什县中部)较 70 年代亦有不同程度的升高。20 世纪 90 年代至 21 世纪初，因同时期降水量相对偏高，导致整个灌区的平均 ET_0 均降低，变化最为显著的是灌区南部(阿克苏市中部)。进入 2010 年后，阿克苏市北部和温宿西南部因干旱少雨导致 ET_0 升高，阿克苏市中部则出现较大幅度的降低。

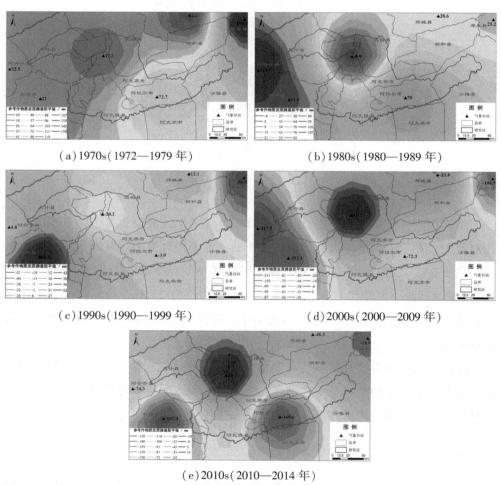

(a) 1970s(1972—1979 年)   (b) 1980s(1980—1989 年)

(c) 1990s(1990—1999 年)   (d) 2000s(2000—2009 年)

(e) 2010s(2010—2014 年)

图 4.5　参考作物蒸发蒸腾量距平值空间分布

4.2.4 ET₀ 变化趋势分析

通过曲线回归的不同方法的对比分析可以看出，采用三次多项式回归模型的拟合结果最为理想，除冬季外，春、夏、秋和全年的回归模型 R^2 值均在 0.65 以上。各季节及全年的 ET₀ 变化均呈现"S"形曲线，至 2014 年已接近波谷并自此有抬升趋势。

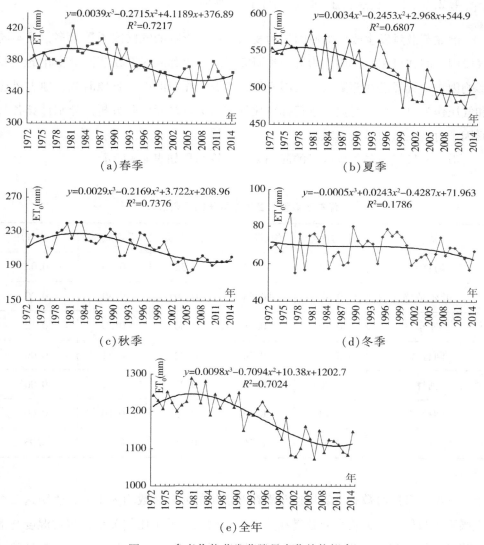

图 4.6 参考作物蒸发蒸腾量变化趋势拟合

气候条件，诸如降水量、风速、日照和气温等，在长时间序列上的变化是有规律的，往往呈现"S"形曲线趋势，以上变化曲线恰好反映了 ET_0 的变化主要受如上气候条件变化的影响。从图 4.6 中可以看出，2014 年以后 ET_0 的变化趋势是向升高的方向发展的，即单位面积上、单位时间内参考作物的蒸发蒸腾量升高。要满足作物/植被的正常生长，需要更多的水分补给。

4.2.5　潜在蒸散量对气候因子的响应

潜在蒸散量发生改变的原因较为复杂，不仅影响的气候因子数量多，且不同气候因子间亦可相互作用。为进一步研究引起阿克苏灌区潜在蒸散量变化的主要影响因素，选择潜在蒸散量作为因变量，气温、相对湿度、日照时数、地表风速和气压作为自变量，对数据进行标准化处理后进行多元回归分析，分别计算各气候因子对潜在蒸散量的贡献率。

潜在蒸散量与各气候因子的回归系数计算结果如表 4-3 所示。

表 4-3　　　　　　　　　　　　潜在蒸散量与各气候因子的回归系数

站点	平均气温	相对湿度	日照时数	平均风速	平均气压
阿克苏	0.48	−0.22	0.35	0.56	0.00
吐尔尕特	0.37	−0.63	0.19	0.39	0.00
库车	0.19	−0.28	0.30	0.53	0.12
阿合奇	0.15	−0.24	0.22	0.51	0.00
柯坪	0.00	−0.48	0.21	0.72	0.00
阿拉尔	0.14	−0.15	0.35	0.60	0.00
拜城	0.50	−0.10	0.48	0.60	0.05

气温、日照时数和地表风速与潜在蒸散量的回归系数均为正值，表明这三个气候因子数值的增大均会导致潜在蒸散量的增大，成正比例关系；相对湿度与潜在蒸散量的回归系数为负值，表明相对湿度数值的增大会引起潜在蒸散量的减

小，成反比例关系；气压与潜在蒸散量的回归系数近乎为零，表明气压的变化几乎不会引起潜在蒸散量的变化。地表风速是影响潜在蒸散量变化的普遍因素，气压仅对小部分地区的潜在蒸散量产生极小影响。

在 7 个气象台站中，除吐尔尕特站外，其余各站地表风速与潜在蒸散量均具有较高的回归系数；在阿克苏站和拜城站，气温与潜在蒸散量具有较高的回归系数；在吐尔尕特站，日照时数与潜在蒸散量具有较小的回归系数；在库车站、阿合奇站、柯坪站和阿拉尔站，气温与潜在蒸散量具有较小的回归系数。

气候因子对阿克苏灌区年均潜在蒸散量的贡献率如图 4.7 所示。地表风速和相对湿度对潜在蒸散量的贡献率最大，在潜在蒸散量的变化中发挥着主导作用；日照时数和气温对潜在蒸散量的影响具有明显的区域性差异。

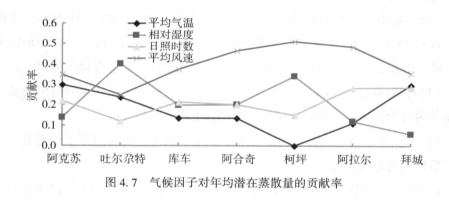

图 4.7 气候因子对年均潜在蒸散量的贡献率

在阿克苏站、库车站、阿合奇站、柯坪站、阿拉尔站和拜城站，地表风速对潜在蒸散量的贡献率最大，其中，柯坪站地表风速对潜在蒸散量的贡献率高达51.1%，阿合奇站和阿拉尔站地表风速对潜在蒸散量的贡献率均在 47.0%左右。位于高海拔区的吐尔尕特站相对湿度对潜在蒸散量的贡献率最大，为 39.9%，其次为平均风速。在柯坪站、库车站和阿合奇站，相对湿度对潜在蒸散量的贡献率仅次于地表风速。在吐尔尕特站、库车站、阿合奇站、柯坪站和阿拉尔站，气温和日照时数对潜在蒸散的贡献相对较小，其中，柯坪站气温对潜在蒸散量的贡献率几乎为零。

4.3　小　　结

基于阿克苏灌区内 1972—2014 年 7 个气象台站的月均气象观测数据,采用 FAO 修正的 Penman-Monteith 模型,计算了参考作物蒸发蒸腾量(ET_0),进行了空间数据的插值分析,对阿克苏河灌区作物的理论需水量特征分别在空间和时间两个维度上进行了探讨,定量分析了阿克苏灌区影响潜在蒸散量变化的主导气候因素。

(1)阿克苏河灌区多年平均 ET_0 介于 1118～1241mm 之间,受气候条件和地形地势的影响,灌区 ET_0 呈现中部以北地区较低(1118～1174mm 之间),西南部、南部地区 ET_0 相对较高(1165～1241mm 之间)。

(2)一年中,春季和夏季的 ET_0 最高,占全年的 76.4%,秋季和冬季则较少,仅占 23.6%;5 月、6 月、7 月的月均 ET_0 合计为 533mm,是作物最需要水分补给的时段,1 月、2 月、11 月、12 月四个月的月均 ET_0 合计仅为 99mm。

(3)自 20 世纪 70 年代至今,作物年均蒸发蒸腾量呈现逐渐降低的趋势。灌区南部为较为密集的农业耕作区,应重视该地区的水量分配。

(4)灌区各时期 ET_0 的变化较为显著,整个灌区呈现逐渐降低的趋势,2010 年以后的变化趋势较为显著。

(5)灌区各季节及全年的 ET_0 变化均呈"S"形曲线,至 2014 年已接近波谷并有抬升趋势,今后的作物理论需水量将逐年增加。

(6)导致潜在蒸散量发生变化的气候因子众多,且不同的气候因子在不同季节对潜在蒸散量的贡献不尽相同。引起阿克苏灌区潜在蒸散量发生变化的主导因子主要是地表风速和相对湿度,其中,地表风速对潜在蒸散量的变化呈正相关性,相对湿度对潜在蒸散量的变化呈负相关性。除吐尔尕特站相对湿度对潜在蒸散量变化的影响最大外,其它各气象台站的地表风速对潜在蒸散量变化的贡献率最大。柯坪站、阿合奇站和阿拉尔站地表风速对潜在蒸散量的贡献率均在 49%左右。日照时数和气温对潜在蒸散量的影响具有明显的区域性差异,而气压仅对小部分地区的潜在蒸散量产生极小的影响。

第5章 绿洲土壤湿度反演与监测研究

5.1 数据来源与研究方法

5.1.1 数据来源

选取阿克苏流域的阿瓦提县（灌溉农业为主）、阿拉尔市（灌溉农业为主）和温宿县（林果业为主）3个实验区（见图 5.1），实测数据为 0~10cm、10~20cm、20~30cm 深度层的土壤体积含水率（相对值），采用托普云农 TZS-2X-G 土壤水分温度速测仪测量（理论相对误差小于 3%），采样时点前后一个星期天气状况稳定。采样时根据不同土地覆盖类型，选取面积大于 30m×30m 的规则地块，在地块中间位置选择 2m×2m 的样方，样方内随机测量 3 次取平均值，同步记录 GPS 样点坐标、土地覆盖类型和植被密集程度等信息；共采集 102 个样点（土壤湿度实测数据 306 个），其中阿瓦提采样区、阿拉尔采样区和温宿采样区的实测样点分别为 45 个、30 个和 27 个；样点覆盖类型包括小麦、棉花、水稻、果园、林地和裸地，以农田植被为主。

采用两种高分辨遥感数据，一是 GF-1 WFV 多光谱影像，空间分辨率为 16m，成像时间 2016 年 6 月 13 日、7 月 6 日、7 月 22 日和 8 月 12 日，主要利用红光波段（Band 3）和近红外波段（Band 4）数据；二是 Landsat 8 OLI 遥感影像，空间分辨率 30m，成像时间 2016 年 7 月 18 日，主要利用红光波段（Band 4）和近红外波段（Band 5）数据。在分析之前，对各遥感影像进行了预处理，然后借助 ArcGIS10.1 将实测样点数据与预处理后的影像进行地理坐标配准。

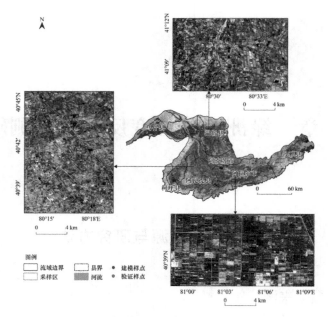

图 5.1 绿洲土壤湿度实测样点分布

5.1.2 研究方法

1. 垂直干旱指数

垂直干旱指数（perpendicular drought index，PDI）是根据植被-土壤二元组合在红光-近红外二维空间光谱分布变化规律而提出的一种土壤水分反演指数，它在实践应用中取得了较好效果。PDI 的计算公式：

$$PDI = \frac{R_{red} + M \times R_{nir}}{\sqrt{M^2 + 1}}$$

式中，R_{nir} 和 R_{red} 为遥感影像中近红外和红光波段反射率，分别对应本研究中 GF-1 WFV 影像的第三、第四波段和 Landsat 8 OLI 影像的第四、第五波段反射率；M 为土壤线斜率。

借助 ENVI 5.1，从经预处理的研究区 GF-1 WFV 遥感影像中提取每个土壤湿度实测样点像元在近红外和红光波段的反射率，将 102 个实测样点的反射率在

Nir-Red 构成的二维光谱特征空间中进行离散化，然后进行趋势线拟合得到研究区的土壤线方程。

$$y = 1.2381x + 0.0367, \quad R^2 = 0.938$$

根据土壤线的定义可以确定研究区土壤线斜率 M 为 1.2381，土壤线在纵坐标上的截距 $I = 0.0367$。由于同一地块的土壤线差异不大，基于 Landsat 8 OLI 的土壤湿度反演模型构建时采用同样的土壤线。

改进型垂直干旱指数 PDI 没有考虑地表植被覆盖对红光和近红外波段的强散射作用，因此主要适用于低植被覆盖或裸土地区土壤湿度的遥感反演。针对此局限性，引入植被覆盖度 f 对在 Nir-Red 光谱特征空间的混合像元进行分解，克服植被对红光和近红外波段的散射影响，获取与土壤湿度有关的纯土壤像元反射率，得到 MPDI，计算公式如下：

$$MPDI = \frac{R_{red} + M \cdot R_{nir} - f_v(R_{red,v} + M \cdot R_{nir,r})}{(1 - f_v)\sqrt{M^2 + 1}}$$

式中，$R_{red,v}$，$R_{nir,v}$ 为植被在 Red 和 Nir 波段的反射率；f_v 为植被覆盖度。f_v 是指植被（包括叶、茎、枝）在地表的垂直投影面积占统计区总面积的百分比，本研究主要利用 f_v 来克服遥感影像中混合像元对土壤湿度光谱信息的影响，公式如下：

$$f_v = \left(\frac{NDVI - NDVI_s}{NDVI_v - NDVI_s}\right)^2$$

式中，$NDVI_v$、$NDVI_s$ 分别代表纯植被和裸土的归一化植被指数。借助 ENVI 5.1 中的 Band math 工具，通过红光波段和近红外波段的反射率，可以计算获取各时期 GF-1 WFV 和 Landsat 8 OLI 遥感影像的 NDVI 值；由于研究区地表覆盖复杂，计算得到的 NDVI 最大/最小值可能存在误差，拟取累积概率为 5% 和 95% 的 NDVI 值作为最小值和最大值。

2. 植被调整垂直干旱指数

考虑到覆盖饱和的影响，引入垂直植被指数（PVI）代替 f_v，作为植被覆盖表征量，在 PVI-PDI 二维空间对 PDI 模型进行修正，提出了适用于高植被覆盖区土壤湿度反演的植被调整垂直干旱指数（vegetation adjusted perpendicular drought index，VAPDI)：

$$VAPDI(X) = PDI(A) - \frac{|PDI(A) - PDI(X)| \times PVI(A)}{PVI(A) - PVI(X)}$$

其中，垂直植被指数 PVI 的计算公式如下：

$$PVI = \frac{|R_{nir} - M \cdot R_{red} - I|}{\sqrt{M^2 + 1}}$$

式中，I 是土壤线表达式的截距。借助 ENVI 5.1 中的 Band math 工具，获取各时期 GF-1 WFV 和 Landsat 8 OLI 遥感影像的 PVI 值。

5.2　反演模型构建

5.2.1　土壤实测湿度的描述性统计

以研究区 102 个表层(0~10cm)土壤湿度实测数据为例进行描述性统计分析，结果见表 5-1。各植被类型的表层土壤湿度均值和中值接近，说明研究区土壤湿度整体分布较为均匀；裸土的中值和均值存在差异，且变异系数达到 43.8%，说明研究区裸土的干、湿度存在一定差异；土壤湿度最大值和最小值分别为 0.485 和 0.088，对应的覆盖类型分别为水稻和裸土；102 个实测样点的土壤湿度平均值和标准差分别为 0.225 和 0.081。

表 5-1　　　　　　不同植被覆盖类型下的土壤湿度实测数据统计表

覆盖类型	样点数 t	最大值	最小值	中值	均值	标准差	变异系数
水稻	12	0.485	0.202	0.324	0.318	0.09	0.283
小麦	17	0.352	0.178	0.245	0.237	0.091	0.384
棉花	29	0.305	0.143	0.224	0.213	0.076	0.357
果园	24	0.315	0.119	0.207	0.214	0.081	0.379
林地	11	0.305	0.123	0.219	0.207	0.075	0.362
裸土	9	0.223	0.088	0.149	0.162	0.071	0.438

5.2.2　土壤湿度反演模型构建

依据各采样点的土地利用类型、植被覆盖度、地形、坡度坡向等具体指标，从 102 个采样点中选取 68 个作为建模样本集，剩余的 34 个样点作为反演模型精度验证和评价的验证样本集。通过 ENVI5.1 中的 Bandmath 工具，计算获取 GF-1 WFV（2016 年 7 月 22 日）与 Landsat 8 OLI（2016 年 7 月 18 日）影像的 f_v、PVI 两个参数和 PDI、MPDI 和 VAPDI，借助 SPSS 19.0 对 68 个建模样本 3 个深度层的土壤湿度实测数据和对应的 PDI、MPDI 和 VAPDI 分别进行拟合，发现线性拟合效果最好，汇总回归模型见表 5-2。

表 5-2　　两种遥感影像不同反演指数与各层土壤湿度的回归拟合模型

数据源	土壤深/cm	指数	回归模型	决定系数	标准差	P
GF-1 WFV	0~10	PDI	$y=-1.6135x+0.6047$	0.6154**	0.094	0
		MPDI	$y=-1.1925x+0.6058$	0.7042**	0.073	0
		VAPDI	$y=-1.2808x+0.7045$	0.7863**	0.021	0
	10~20	PDI	$y=-1.2262x+0.5391$	0.5036**	1.618	0.007
		MPDI	$y=-0.9329x+0.5470$	0.5623**	1.006	0.005
		VAPDI	$y=-1.0496x+0.603$	0.5840**	0.094	0
	20~30	PDI	$y=-1.3042x+0.5696$	0.4712*	2.133	0.032
		MPDI	$y=-1.0042x+0.5829$	0.5047*	1.604	0.013
		VAPDI	$y=-0.9817x+0.6253$	0.5106**	1.41	0.008
Landsat 8 OLI	0~10	PDI	$y=-3.4284x+0.7039$	0.5265**	1.471	0
		MPDI	$y=-2.1545x+0.7180$	0.7191**	0.069	0
		VAPDI	$y=-2.7037x+0.5891$	0.7469**	0.045	0
	10~20	PDI	$y=-4.2156x+0.7843$	0.5642**	1.084	0
		MPDI	$y=-1.9632x+0.6084$	0.5287**	1.435	0
		VAPDI	$y=-1.9246x+0.5078$	0.5439**	1.133	0
	20~30	PDI	$y=-3.7108x+0.7469$	0.5050*	1.595	0.011
		MPDI	$y=-1.8677x+0.6421$	0.5061**	1.618	0.006
		VAPDI	$y=-2.0945x+0.5423$	0.5213**	1.458	0.008

53

从表 5-2 可以看出，拟合模型均为负相关，除了基于 GF-1 WFV 影像的 20～30cm 深度层的 PDI、MPDI 拟合模型和基于 Landsat 8 OLI 影像的 20～30cm 深度层的 PDI 拟合模型通过 0.05 的显著性检验外，其余模型均通过 0.01 的显著性检验，具备统计学意义；尤其是各指数均与 0～10cm 深度层的土壤湿度相关性最强，平均决定系数 R^2 达到了 0.68，说明基于光学遥感影像近红外和红光波段构建的遥感反演指数对近地表层土壤湿度信息具有较强的敏感性，能够模拟和监测更大范围的土壤湿度的空间变化，但对地下较深层次的土壤湿度反演精度略低。

从各回归模型的决定系数 R^2 来看，MPDI、VAPDI 的拟合效果要明显优于 PDI，这是因为在 Nir-Red 二维光谱特征空间中，各像元的反射率由土壤、植被甚至其他地物信息共同决定，PDI 指数没有考虑到植被覆盖对土壤光谱信息的影响，因此无法完全反映出表层土壤湿度的实际水平。而 MPDI 和 VAPDI 分别利用了不同的植被覆盖表征量对混合像元的光谱信息进行修正，因而所表达的土壤湿度信息更精确，与土壤湿度实测值更为吻合。

对于 WFV，PDI 与土壤湿度间的相关性随深度增加而明显减小，而 OLI 的 PDI 与 3 个深度层土壤湿度间的相关性差异不大，但同样都是在 20～30cm 深度层的相关性最小，标准误差也相对较大。说明对于 WFV 和 OLI 两种遥感影像，当深度超过 20cm，PDI 对土壤湿度的敏感度不高，难以准确地反映该深度层的实际土壤湿度状况。MPDI 与土壤湿度的相关性也随着土壤深度增加而减小，基于 WFV 和 OLI 的 MPDI 均与 0～10cm 土壤湿度相关性最强，R^2 达到了 0.7，说明基于近红外和红光波段信息构建的反演指数对土壤湿度的敏感性随深度增加而降低。在 3 个深度土层上，基于 WFV 与 OLI 的 MPDI 和土壤湿度实测值的相关系数水平基本相当。两种遥感影像的 VAPDI 与 3 个深度层土壤湿度之间都存在线性负相关；其中在 0～10cm 深度层的相关性最强，R^2 分别达到了 0.7469 和 0.7869，在 10～20cm 和 20～30cm 深度层相关性相对较低，但高于其他两个指数；就传感器而言，基于 WFV 影像的回归拟合模型的各项系数均优于 OLI 影像。

5.3　反演模型的精度评价

将基于两种传感器的 PDI、MPDI 和 VAPDI 拟合模型得到的不同深度层的土壤湿度反演值，分别与对应的 34 个验证样点的土壤湿度实测值进行验证分析，并分别计算验证样点土壤湿度反演值与实测值的决定系数(R^2)、平均绝对误差（MAE）、平均相对误差（MRE）和均方根误差（RMSE）等指标值，来验证和定量评价反演模型的精度。

由表5-3可知，从各精度评价指标值来看，3个土壤深度层中，基于WFV和OLI两种传感器的PDI、MPDI、VAPDI土壤湿度反演模型均在0~10cm处反演精度最高，说明光学遥感影像更适合于表层土壤湿度的反演，而对较深层次土壤湿度信息的敏感性较弱，原因是近红外和红光的穿透能力较弱，以反映近地表的光谱信息为主。

对比三种指数反演结果，基于WFV和OLI两种传感器的VAPDI土壤湿度反演模型在0~10cm深度层反演结果的精度均明显高于PDI和MPDI；在敏感性较差的10~20cm和20~30cm处，三种指数的精度评价指标虽然相差不大，但VAPDI和MPDI的反演结果稍优于PDI。从GF-1 WFV和Landsat 8 OLI遥感数据源的反演结果精度来看，在同一深度层上，对于不同的反演指数，两种影像的反演精度各有优劣，其中基于WFV的PDI和VAPDI反演结果的R^2、MAE、MRE和RMSE均优于OLI影像；而利用MPDI构建模型时，二者的反演效果基本一致，反演精度无明显差别。

表5-3 各模型土壤湿度反演结果精度验证指标汇总

数据源	指数	土壤深度（cm）	R^2	MAE（%）	MRE（%）	RMSE（%）
GF-1 WFV	PDI	0~10	0.6037	4.16	8.44	4.96
		10~20	0.5218	7.23	9.33	7.28
		20~30	0.4806	9.67	12.6	8.05
	MPDI	0~10	0.6945	3.29	7.37	4.11
		10~20	0.5571	6.96	8.93	4.47
		20~30	0.4994	9.56	11.08	7.94
	VAPDI	0~10	0.7932	2.23	5.67	3.41
		10~20	0.5724	6.78	8.35	4.73
		20~30	0.5016	8.86	10.72	7.68

续表

数据源	指数	土壤深度（cm）	R^2	MAE（%）	MRE（%）	RMSE（%）
Landsat 8 OLI	PDI	0~10	0.5338	7.07	9.14	6.9
		10~20	0.559	6.88	9.02	4.51
		20~30	0.5041	8.92	11.13	7.59
	MPDI	0~10	0.7075	3.14	7.25	3.98
		10~20	0.5263	7.37	9.4	7.42
		20~30	0.4819	9.83	12.15	8.17
	VAPDI	0~10	0.7386	2.86	6.18	3.85
		10~20	0.5514	6.79	9.24	4.6
		20~30	0.5146	8.71	10.56	7.25

注：MAE：平均绝对误差 Meanabsoluteerror；MRE：平均相对误差 Meanrelativeerror；
RMSE：均方根误差 Rootmeansquarederror。

5.4　表层土壤湿度反演与动态监测

拟选择两种遥感影像的 VAPDI 土壤湿度反演模型，对阿克苏河流域 0~10cm 表土层的土壤湿度进行反演，通过对实际反演效果的对比分析，提出推荐的遥感数据源用于土壤湿度大规模动态监测。

5.4.1　表层土壤湿度反演结果分析

以经过预处理的研究区 GF-1 WFV（2016.7.22）、Landsat 8 OLI（2016.7.18）遥感影像为基础，在 ENVI/IDL 中计算出各像元的 VAPDI 值，利用构建的土壤湿度反演模型获取每个像元的土壤湿度值，得到研究区表层土壤湿度的空间分布格局（图 5.2 和图 5.3），图中白色部分为掩膜掉的水体与城区，灰色表示土壤湿度偏低，由灰色到深黑色土壤湿度逐渐增高。

可以看出，两种遥感影像反演得到的阿克苏河流域表层土壤湿度空间格局基本一致，即靠近水源的区域土壤湿度高，而远离水源的地区土壤湿度值一般偏低。

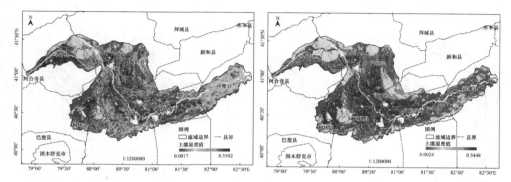

图 5.2　基于 GF-1 WFV 遥感影像的阿克苏　图 5.3　基于 Landsat 8 OLI 遥感影像的阿克
河流域土壤湿度空间分布图　　　　苏河流域土壤湿度空间分布图

原因主要是阿克苏河流域自然降水量极小，流域农业生产需水几乎全部依靠地表渠系和地下水抽水灌溉，而且靠近河流、水库及湖泊等自然水源的地区一般为农业生产区，如上游托什干河两侧的乌什县、库玛拉河两侧的温宿县南部、中游的阿克苏河两岸的阿瓦提灌区和阿克苏市中部以及中下游阿克苏河与塔里木河交汇处的阿拉尔灌区，灌溉渠系密集，能够长期保障该区域农作物用水需求，表层土壤湿度相对较高，均在 30%以上；流域内三大水库胜利水库、上游水库、多浪水库和流域西南部的千鸟湖地区土壤湿度也较高；远离水源的地区多为天然植被或荒漠戈壁区，水网密度小且缺乏人工灌溉和维护，受流域干燥气候影响大，土壤湿度值一般处于 20%以下，部分区域土壤湿度值甚至接近为 0。

　　进一步对比两种遥感数据源的土壤湿度反演结果可以发现，图 5.3 中不同区域的土壤湿度的高低层次更加分明，土壤湿度的空间异质性更加明显，这主要是 GF-1 WFV 遥感影像空间分辨率为 16m，稍高于 Landsat 8 OLI 影像 30m 的空间分辨率，在土壤湿度反演模型精度相当的情况下，较高的空间分辨率能够表现出更加精细的地表信息，能够更详细地表达土壤湿度的空间异质性，能够为实现精确到地块的农作物灌溉和区域生态安全评价提供参考，从而保障阿克苏河流域的农业可持续发展和绿洲生态系统的健康运行。

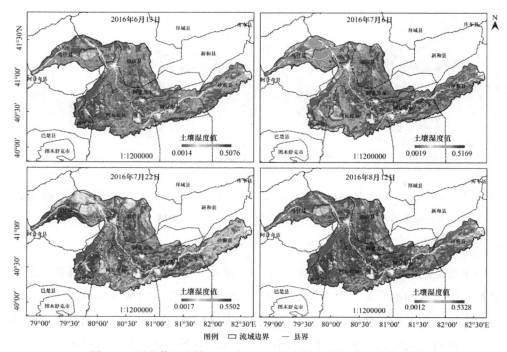

图 5.4　阿克苏河流域 2016 年 6—8 月表层土壤湿度空间分布图

　　对 4 个时点的表层土壤湿度的时空动态监测结果(图 5.4)，分析发现：阿克苏河流域表层土壤湿度空间格局稳定但随时间变化特征较为复杂，研究区降水稀少，主要依托区域完善的沟渠体系进行地表灌溉，因而以阿克苏河为轴线的绿洲农业核心区，土壤湿度保持在 35% 以上，特别是当人工开闸放水进行灌溉时，农田植被区的土壤湿度会明显增强；另外，在中国气象数据网(http://data. cma. cn/)查阅 2016 年 6—7 月的全国 24h 降水量分布图，发现 2016 年 6 月 28 日前后阿克苏河流域北部、2016 年 7 月 6—12 日全流域尤其是 11—12 日阿拉尔、沙雅县等地区有过一次持续降水，尽管日降水量在几毫米，但对土壤湿度的影响还是较大的，7 月 22 日反演的土壤湿度也明显增强，特别是阿拉尔市、沙雅县的大部分区域，这也与植被指数估算土壤湿度存在 5~10 天的延迟天数吻合。

第6章　绿洲典型林果高效节水灌溉制度研究

6.1　不同灌水定额下全生育期土壤水分变化过程

图6.1所示为不同灌水定额处理下，成龄核桃在全生育期内0~120cm土层平均含水率变化曲线。由图可知在滴灌条件下，全生育期土壤平均含水率从大到小顺序为：处理3>处理2>处理1，最大的灌水定额使得处理3的土壤含水率要明显大于其他处理。同时，三种处理的土壤平均含水率在全生育期内整体上均呈下降趋势，其中萌芽期土壤平均含水率最高，这是由于春灌定额较大，而萌芽期核桃蒸腾量和棵间蒸发均较小。从开花结果期至油脂转化期，气温逐渐升高以及核桃营养生殖生长的逐渐增强，使蒸发蒸腾强度随之增强，核桃对水分需求逐阶段增大，因此土壤含水率逐渐降低。停灌后的成熟期土壤平均含水率降至全生育期最低，因此需要在核桃休眠期进行一次冬灌，以保证防寒及次年开春土壤具有较高的含水率。

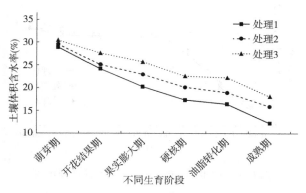

图6.1　不同灌水处理下全生育期土壤平均含水率变化图

6.2　不同灌水定额对核桃生长的影响

新梢的生长，一定程度上反映着树势的强弱，新梢的正常生长是果树营养生长的主要环节之一；果实发育主要表现为果实横径和纵径的变化。通过对不同灌水处理的成龄核桃新梢长度、果实横纵径观测（图6.2、图6.3、图6.4），成龄核桃新梢长度、果实横纵径大小均随灌水定额的增加而增大，说明在一定程度上随着灌水定额的增大，核桃树生长性状更加旺盛，然而，如继续增大灌水定额，将会影响果树的花芽分化及果实产量。

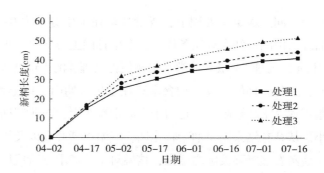

图6.2　不同灌水定额下核桃新梢长度变化图

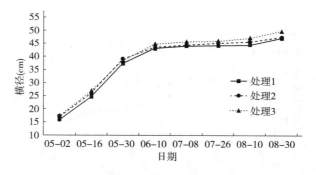

图6.3　不同灌水定额下核桃果实横径变化图

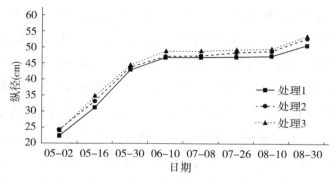

图 6.4 不同灌水定额下核桃果实纵径变化图

6.3 不同灌水定额下成龄核桃的耗水规律及作物系数

运用水量平衡公式、Pen-Monteith 公式等计算，得到不同灌水定额下成龄核桃各生育期的耗水量、参考作物蒸发蒸腾量 ET_0 及作物系数 K_c 如表 6-1 所示，生育期 ET_0 及降雨量如图 6.5 所示。

表 6-1   不同灌水定额成龄核桃生育期耗水量、ET_0 及 K_c

处理	指标	开花结果期	果实膨大期	硬核期油脂	转化期	累计
处理 1	耗水量（mm）	43.38	59.06	94.39	109.16	305.99
	耗水模数（%）	14.18	19.3	30.85	35.67	
	K_c	0.66	0.66	0.68	0.54	
处理 2	耗水量（mm）	42.12	55.38	103.17	126.99	327.66
	耗水模数（%）	12.86	16.9	31.49	38.76	
	K_c	0.64	0.62	0.74	0.62	
处理 3	耗水量（mm）	46.77	52.13	112.8	141.53	353.23
	耗水模数（%）	13.24	14.76	31.93	40.07	
	K_c	0.71	0.58	0.81	0.7	
ET_0（mm）		66.08	89.44	139.45	203.4	498.37

　　由于萌芽期灌水定额各处理均相同，成熟期无灌水，因此主要研究由开花结果期至油脂转化期的 4 个不同灌溉敏感物候期的耗水规律。由表 6-1 可以看出，灌水定额的不同使得核桃在各物候期的耗水量有较大差异。随着生育期的推移，不同灌水处理的耗水量均逐渐增大。从开花结果期到果实膨大期，新枝的抽发及幼果开始膨大使核桃的营养生长与生殖生长并进，其蒸腾耗水能力增强，并随着当地气温的逐渐升高，核桃需水强度开始增大，各处理耗水量达到 59.06mm、55.38mm、52.13mm。硬核期和油脂转化期为核桃关键需水期，也是决定最终产量的重要阶段，由于这两个阶段生育期时间最长（80d），在此阶段当地气温也升至全年最高，蒸发蒸腾量也达到峰值，耗水量达到全生育期最高值，硬核期和油脂转化期各处理耗水模数之和达到 66.52%，70.25%，72.00%，因此在硬核期需要增大灌水频率，而在油脂转化期需要相应降低灌水频率（较硬核期），以保证核桃果实完成更好的油脂转化。不同灌水处理的核桃 K_c 整体上均为单峰曲线，在生育初期核桃 K_c 值较小（开花结果期 0.66、0.64、0.71），而在关键物候期达到峰值（硬核期 0.68、0.74、0.81），后期减小（油脂转化期 0.54、0.62、0.70）。

　　由图 6.5 可知，成龄核桃逐日 ET_0 从开花结果期至油脂转化期整体呈抛物线特征，开花结果期（04-21—05-09）ET_0 平均值为 3.48mm，果实膨大期（05-10—06-02）上升至 3.73mm，到硬核期（06-03—07-05）ET_0 明显增大，该阶段均值达到 4.23mm，并出现全年单日 ET_0 峰值 5.35mm，尽管期间降雨较多，但由于该时期降雨多在夜间，其日间 ET_0 值依旧较高；油脂转化前期（07-06—08-10）均值为 4.02mm，在油脂转化后期（08-11—09-01）进入雨季，大气温度及太阳辐射开始降低，日照时间减少，日 ET_0 值由 4.10mm 逐日下降至 2.38mm。将 ET_0 值按生育阶段逐日累加，如表 3-1 所示，得到开花结果期 ET_0 值为 66.08mm，果实膨大期 89.44mm，硬核期 139.45mm，油脂转化期 203.40mm，累计 498.37mm。开花结果期至油脂转化期降雨量共计 66.41mm，有效降雨量为 33.75mm。期间 4 月下旬至 5 月中旬无降雨，5 月下旬至 9 月上旬偶有阴天及降雨导致 ET_0 部分回落，其中在 7 月 1 日有强降雨天气，降雨量达到 26.61mm，使 ET_0 值由 5.09mm 降至 3.07mm。

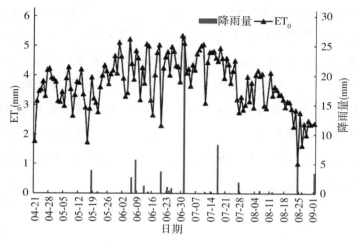

图 6.5　成龄核桃生育期 ET_0 及降雨量图

6.4　不同灌水定额下成龄核桃水分利用效率分析

　　水分利用效率是指在田间，作物蒸散消耗单位质量水所制造的干物质量，通常以果实产量与实际耗水量的比值表示。灌溉水分生产率是指每立方米灌水所能生产的农产品量，通常以果实产量与灌水总量的比值表示。水分利用效率与灌溉水分生产率均是衡量作物产量与耗水量及灌水量关系的重要指标。由表 6-2 可知，在不同灌水定额下核桃产量有较大的差异。处理 2 和处理 3 的产量与处理 1 的差异显著，具体为：处理 2 比处理 1 高 19.48%，处理 3 比处理 1 高 23.62%。

表 6-2　　　　　不同灌水定额成龄核桃水分利用效率及灌溉水分生产率

处理	产量（kg/hm²）	耗水量（m³/hm²）	灌水量（m³/hm²）	水分利用效率（kg/m³）	灌溉水分生产率（kg/m³）
1	5308.1a	3059.9a	2625a	1.73a	2.02a
2	6342.0c	3276.6c	3150c	1.94b	2.01a
3	6561.8b	3532.3b	3675b	1.86c	1.79b

　　各处理产量大小顺序为：处理 3>处理 2>处理 1，说明在一定灌水区间内成龄核桃产量会随灌水量及耗水量的增加而增加。从水分利用效率看，处理 2 的水分利用效率最高，为 1.94kg/m³。而从灌溉水分生产率看，处理 1 与处理 2 的灌溉水分生产率均较高，分别为 2.02kg/m³ 与 2.01kg/m³。尽管处理 1 的灌水量最小，而灌溉水分生产率最高，但其产量过于偏低，比处理 2 低 1033.9kg/hm²。处理 3 的产量最高，其灌水量也最大，但水分利用效率与灌溉水分生产率均低于处理 2。因此，认为灌水定额为 450m³/hm² 的处理 2 为最优处理，适合在实际生产灌溉中推广应用。

第7章 斑块尺度的绿洲水土资源动态监测优化

7.1 绿洲空间尺度分布特征及动态变化

7.1.1 空间分布特征

图 7.1 所示为 2000 年和 2014 年阿克苏河流域植被斑块解译结果。从图 7.1 中可以看出，2000 年，园地零散分布于研究区西北部及中部地区，且覆盖度较低；林地主要分布于研究区东北部及北部；灌木林地较集中分布于中部和西南部；耕地零散分布于除东北部以外的其他地区；草地则分布于研究区南部及北部，且覆盖度极低。2014 年，园地主要集中分布于西北部和北部；林地集中分布于东北部；灌木林地主要分布于南部及东南部，北部有少量分布；耕地主要集中分布于研究区中部及东南部，西北部有少量分布；草地分布于研究区南部，西南部有少量分布，覆盖度较低。

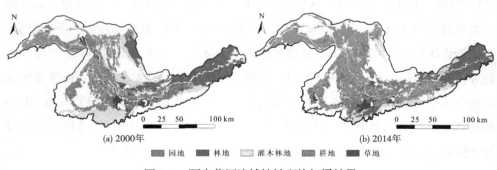

图 7.1　阿克苏河流域植被斑块解译结果

7.1.2　动态变化特征

阿克苏河流域 2000—2014 年，草地主要转化为其他土地和耕地，其中 13.70% 转化为其他土地，24.86% 转化为耕地，补充来源主要是水域；林地有 19.88% 转化为耕地，增加部分来源于其他土地和草地；水域有 12.03% 转化为林地，3.93% 转化为草地，10.26% 转化为耕地；41.19% 的园地转化为耕地，29.81% 的耕地转化为园地；建设用地的增加主要来源于耕地、园地和其他土地。其他土地有 10.18% 转化为林地，19.93% 转化耕地，5.62% 转化为园地，新增加的其他土地主要来源于草地和林地。上述转化情况说明阿克苏河流域人为经营活动较为频繁，各地类间均存在相互转化的情况，受经济利益驱使及一些轮作措施的影响，耕地和园地之间相互转化尤为突出。2000—2014 年，阿克苏河流域植被空间分布发生了显著变化。园地和耕地覆盖度大幅增加，且集中区由西北部向北部蔓延；林地覆盖度减少且研究区北部的林地覆盖区大幅退化；灌木林地覆盖度明显减少，且分布集中区由南部向东部和东南部迁移；草地覆盖度呈现略微减少趋势，研究区北部的草地覆盖区转移到了西南部。

7.2　时间尺度上的分布特征及动态变化

7.2.1　年均 NDVI 变化趋势

图 7.2 所示为阿克苏河流域林地、灌木林地、耕地、园地和草地共五种植被类型 2000—2014 年的年均 NDVI 变化曲线及其曲线拟合结果。由图可知，五种植被类型的年均 NDVI 均呈现波动变化。其中，林地 NDVI 整体呈现微弱下降趋势，变化趋势线斜率为 -0.00006，其植被覆盖略有减少；灌木林地 NDVI 呈明显下降趋势，变化趋势线斜率为 -0.00791，其覆盖减少速率明显大于林地；耕地和园地则整体呈上升趋势，其植被覆盖有所增加，二者变化趋势线斜率分别为 0.00175 和 0.0004，园地的植被覆盖增加速率明显大于耕地；草地的 NDVI 整体呈现明显的下降趋势，变化趋势线斜率为 -0.00765，草地覆盖度明显减少。

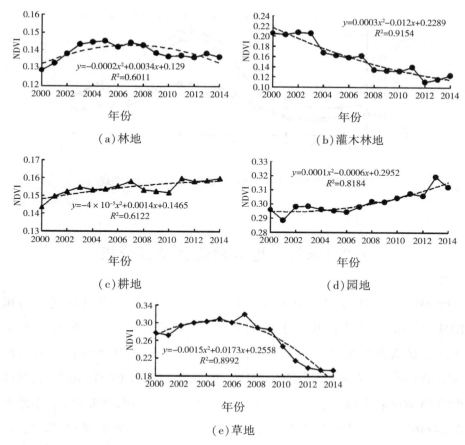

图 7.2　阿克苏河流域主要植被类型年平均 NDVI 曲线和曲线拟合图

7.2.2　月均 NDVI 变化趋势

图 7.3 所示为阿克苏河流域林地、灌木林地、耕地、园地和草地共 5 种植被类型 2000—2014 年间月均 NDVI 变化曲线。可以看出,研究区各植被类型年内变化整体上均呈现显著的季节性。一年内,2—3 月,各类植被 NDVI 均达最低值;4—6 月,各类植被 NDVI 均呈现急剧上升趋势,表明植被覆盖显著增大,即植被均处于生长旺盛期;7—8 月达最高值;9—11 月则呈现急剧下降趋势。6—9 月期间 NDVI 值普遍较高,且波动不大,即 6—9 月为植被 NDVI 达到波峰期。从各植被类型平均 NDVI 数值来看,园地和耕地的 NDVI 平均值最大。

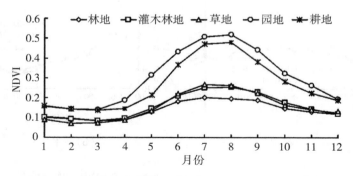

图 7.3　阿克苏河流域主要植被类型月平均 NDVI 曲线图

7.3　绿洲土地利用现状特征分析

据 2014 年 8 月 Landsat OLI 遥感影像解译结果，阿克苏河灌区总面积为 $221.03 \times 10^4 hm^2$，其中：其它土地面积为 $79.13 \times 10^4 hm^2$，占灌区总面积的 35.80%；耕地面积为 $58.59 \times 10^4 hm^2$，占灌区总面积的 26.51%；林地面积为 $40.47 \times 10^4 hm^2$，占灌区总面积的 18.31%；园地面积为 $30.07 \times 10^4 hm^2$，占灌区总面积的 13.60%；水域面积为 $7.33 \times 10^4 hm^2$，占灌区总面积的 3.32%；草地面积为 $3.29 \times 10^4 hm^2$，占灌区总面积的 1.49%；住宅用地面积为 $2.16 \times 10^4 hm^2$，占灌区总面积的 0.98%。空间分布如图 7.4 所示。

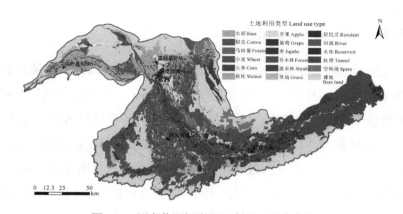

图 7.4　阿克苏河绿洲土地利用现状分布图

灌区内需引水灌溉的耕地和园地总面积为 $88.65\times10^4\text{hm}^2$，分布于灌区中部。灌区以发展农业和林果业为主，是重要的粮食、棉花和特色林果生产基地。经外业调查发现，随着水资源需求量的不断增加，已出现较为突出的水资源供需矛盾及无序开发利用等问题。

种植结构方面，2014 年棉花面积为 519755.4hm^2，是灌区最主要的种植作物；核桃面积为 196800.4hm^2，主要分布于温宿县西南部、乌什县中部、阿瓦提县北部和阿克苏市中西部；枣面积为 75493.9hm^2，主要分布于阿拉尔市中部、阿克苏市西部和阿瓦提县北部；水稻面积为 39781.1hm^2，主要分布于温宿县西南部和乌什县中部；苹果面积为 27759.4hm^2，主要分布于温宿县南部和阿克苏市北部；小麦面积为 18487.6hm^2，在空间上较为分散。灌区主要种植结构组成如图 7.5 所示。

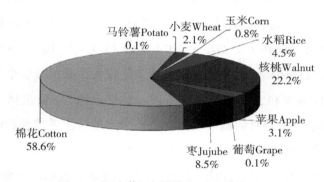

图 7.5　阿克苏河绿洲主要种植结构组成

7.4　绿洲种植结构动态变化分析

7.4.1　总体变化特征

在研究时段 1998—2014 年内，阿克苏河绿洲各土地利用类型转移概率矩阵如表 7-1 所示。

表 7-1　　　　　阿克苏河灌区 1998—2014 年土地利用类型转移概率矩阵　　　（单位:%）

土地利用类型	草地	耕地	林地	其它土地	水域	园地	住宅用地
草地 Grass	37.6	3.6	22.3	8.0	28.3	0.1	0.0
耕地 Farm	3.3	50.9	18.5	19.0	1.6	6.4	0.3
林地 Forest	0.5	1.2	78.7	11.5	7.4	0.6	0.0
其它土地 Others	0.7	1.2	19.7	76.1	2.0	0.4	0.0
水域 Water	3.6	1.6	12.7	7.9	73.8	0.4	0.0
园地 Garden	0.9	48.1	4.3	21.4	0.3	23.9	1.0
住宅用地 Resident	0.6	29.0	3.1	18.0	0.4	23.1	25.8

　　转移概率矩阵表示各土地利用类型在一定条件下相互转移的可能性和概率。1998—2014 年内，林地、其它土地和水域的面积变化相对不大。林地方面，面积由 1998 年的 61.31×10⁴hm² 减少至 2014 年的 40.47×10⁴hm²，其中，乔木林变化相对较小，面积减少率为 8.5%，灌木林变化较大，面积减少率为 47.8%，与灌区内近年来林果业和农业快速发展有关；其它土地(主要包括空闲地、裸地等)和水域向其它类型转移的概率较低，主要受当地自然条件的影响园地、住宅用地、草地和耕地的面积变化相对较大。1998—2014 年，灌区内农业经济快速发展，人口增加，农区面积呈现扩展趋势。园地方面，面积由 1998 年的 12.05×10⁴hm² 增加至 2014 年的 30.07×10⁴hm²，枣、苹果和核桃等主要经济林产品发展迅速，面积增长率分别为 382.3%、150.4%和 110.3%；住宅用地方面，面积由 1998 年的 1.09×10⁴hm² 增加至 2014 年的 2.16×10⁴hm²，人口数量由 1998 年的 197.71 万人增加至 2013 年底的 245.76 万人；草地方面，面积由 1998 年的 4.44×10⁴hm² 减少至 2014 年的 29×10⁴hm²，主要的变化方向为耕地和水域；耕地方面，面积由 1998 年的 46.58×10⁴hm² 增加至 2014 年的 58.59×10⁴hm²，主要农作物品种为棉花、水稻、小麦、玉米和马铃薯，其中，水稻和马铃薯耕种面积有所减少，面积减少率分别为 25.5%和 1.7%，小麦、玉米和棉花耕种面积有所增加，面积增长率分别为 232.8%、139.7%和 29.0%。

7.4.2 景观要素格局特征

1. 景观组成方面

各景观要素中面积最大的为裸地，占景观总面积的 29.8%，斑块个数为 180个，占总斑块数的 3.0%。需水作物和植被总面积占景观总面积的 40.1%，斑块个数占总斑块数的 77.8%，其中，面积最大的为棉花，占总面积的 23.5%，斑块个数 1329 个，占景观总斑块数的 22.0%；其次为核桃，占总面积的 8.9%，斑块个数为 941 个，占需水总斑块数的 15.6%。

绿洲种植结构主要景观指数排序图如图 7.6 所示。

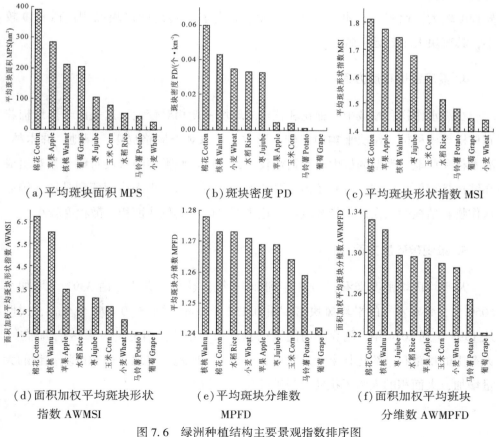

(a) 平均斑块面积 MPS　　(b) 斑块密度 PD　　(c) 平均斑块形状指数 MSI

(d) 面积加权平均斑块形状　　(e) 平均斑块分维数　　(f) 面积加权平均斑块
指数 AWMSI　　　　　　　MPFD　　　　　　　分维数 AWMPFD

图 7.6　绿洲种植结构主要景观指数排序图

2. 斑块面积方面

各主要土地利用类型中，裸地、河流水面、乔木林、灌木林、水库水面和草地的斑块平均面积较大，均在 500hm² 以上；棉花、苹果、核桃和葡萄居中，斑块平均面积为 200～400hm²；玉米、水稻、马铃薯和小麦的斑块平均面积较小，均在 100hm² 以下。

3. 斑块形状方面

在需水作物和植被中，棉花、苹果、核桃、枣、玉米和水稻的斑块周长/面积较大，反映其景观破碎化程度较高；马铃薯、葡萄和小麦斑块形状的规则程度较高。核桃、棉花和水稻的斑块面积离散程度较高，表明这些类型的斑块面积差异程度较大，而苹果、枣、玉米、小麦、葡萄和马铃薯的斑块面积离散程度较小，其斑块大小趋近一致。

4. 景观镶嵌程度方面

在需水作物和植被中，棉花和核桃的斑块密度相对较大，这是由于当地棉花和核桃规模种植、斑块平均面积较大所致。在景观镶嵌格局中，裸地、乔木林、灌木林和草地等类型的最大斑块指数较大，表明这些类型的斑块对整个景观组成和结构具有较大影响，占有较为重要的地位，而玉米、小麦、葡萄和马铃薯等需水作物和植被的最大斑块指数较小，这主要是因为其斑块面积离散程度较小。

5. 景观破碎度方面

从平均斑块密度来看，1998 年到 2014 年，景观总斑块数由 3397 个增加至 6050 个，景观水平的平均斑块密度由 0.154 个/km² 增加至 0.274 个/km²，说明从 1998 年到 2014 年，阿克苏河灌区的景观破碎度为上升趋势。灌区内高强度、大范围的垦荒和集约化林果业、农业生产导致了园地、耕地面积和斑块数量的大量增加，大面积的人为干扰使景观破碎化程度加剧。

7.5 绿洲种植结构动态变化驱动力分析

综合考虑数据资料的可获得性和研究区自身特点，结合外业调查结果，本书首先选取了影响当地种植结构变化的 12 个主要自然、社会、经济指标，如表 7-2 所示。对这 12 个指标进行主成分分析，得到特征值及主成分贡献率和成分载荷矩阵(如表 7-3、表 7-4 所示)。前 2 个主成分的累计贡献率达 84.78%，包含了原始数据的大部分信息主成分 1 的特征值为 8.875，显著高于其它主成分，其贡献率为 73.96%。对各指标在主成分 1 中的载荷量分析，第一产业生产总值、第二产业生产总值、第三产业生产总值、人均 GDP、总人口、农林牧渔总产值、农业产值和水果总产量对主成分 1 的贡献度最大，载荷量均在 0.920 以上，均表现为正影响。结果表明，主成分 1 受经济和产业发展、人口变化等社会经济因素综合影响。主成分 2 的特征值为 1.298，贡献率为 10.82%，主要受自然气候条件的影响。气温和降水量对主成分 2 的贡献度最大，气温表现为负影响，降水量表现为正影响。

表 7-2　　阿克苏河灌区 1998—2013 年主要自然、社会、经济因素

年份	X_1	X_2	X_3	X_4	X_5	X_6	X_7	X_8	X_9	X_{10}	X_{11}	X_{12}
1998	11.1	88.4	48.71	17.61	24.10	4556	197.71	115.81	62.18	53.73	99.86	15.54
1999	11.4	73.1	36.36	19.29	27.28	4111	201.35	117.52	46.26	37.58	105.07	17.11
2000	11.1	58.8	43.12	20.25	30.16	4548	205.03	120.40	52.47	42.71	110.68	20.40
2001	11.3	98.8	44.05	22.90	36.69	4939	209.82	115.43	56.91	45.68	104.48	21.18
2002	11.4	106.9	48.31	26.26	42.38	5429	214.43	94.24	62.90	49.30	119.81	29.17
2003	10.9	141.5	53.70	31.20	50.36	6082	219.34	82.69	71.17	52.44	112.51	30.62
2004	11.7	88.6	58.04	37.34	58.20	6771	222.77	82.77	77.80	56.70	115.22	36.44
2005	11.3	90.8	67.43	41.81	61.19	7620	226.49	84.63	85.43	63.22	127.60	40.68
2006	11.7	68.8	74.50	48.29	70.99	8471	231.02	79.67	93.60	69.52	117.51	47.08
2007	12.2	29.1	85.06	61.80	84.65	9898	220.31	81.76	105.58	78.80	88.26	65.57
2008	11.7	69.9	93.86	72.02	107.25	11413	225.42	83.33	121.34	91.42	114.88	74.72

续表

年份	X_1	X_2	X_3	X_4	X_5	X_6	X_7	X_8	X_9	X_{10}	X_{11}	X_{12}
2009	12.1	35.2	109.56	91.05	119.84	13098	230.50	84.79	141.48	107.65	161.14	90.70
2010	11.6	144.1	138.03	122.28	135.81	15872	237.08	87.69	163.47	120.80	150.21	113.68
2011	10.8	71.3	161.36	168.09	176.69	20145	238.97	88.35	185.20	146.08	146.23	133.46
2012	10.6	80.8	191.85	200.93	219.36	24248	239.69	84.87	212.31	167.06	157.04	152.12
2013	12.1	176.2	220.28	218.34	253.98	28535	245.76	88.11	245.26	193.45	168.27	165.51

表 7-3　　　　　　　　　　　　　　特征值及主成分贡献率

主成分	特征值	贡献率(%)	累计贡献率(%)
1	8.875	73.96	73.96
2	1.298	10.82	84.78
3	0.845	7.04	91.83
4	0.655	5.46	97.29
5	0.265	2.21	99.50
6	0.039	0.33	99.83
7	0.011	0.09	99.92
8	0.007	0.06	99.97
9	0.002	0.02	99.99
10	0.001	0.01	100.00
11	0.000	0.00	100.00
12	0.000	0.00	100.00

表 7-4　　　　　　　　　　　　　　　成分载荷矩阵

指标	主成分 1	主成分 2
X1	0.095	−0.810
X2	0.337	0.737
X3	0.989	0.071
X4	0.982	0.120

指标	主成分 1	主成分 2
X5	0.991	0.037
X6	0.988	0.074
X7	0.920	−0.229
X8	−0.550	0.599
X9	0.994	0.013
X10	0.988	0.057
X11	0.872	0.105
X12	0.989	0.012

综上，影响绿洲种植结构动态变化的主要驱动力是经济和产业发展、人口变化等社会经济因素，各社会经济指标间存在较强的相关性，体现为指标间相互作用的综合影响；自然条件对绿洲种植结构变化的影响明显较弱，但不能忽视较大时间尺度上自然条件的驱动作用，需尤其关注在气候变化、水资源供应日趋紧张等形势下自然条件的累积效应。

第8章 绿洲生态承载力与生态安全评价

8.1 生态足迹计算与分析

根据阿克苏河绿洲 2006 年、2010 年、2015 年的土地利用现状数据，计算得到 3 个时点的生态足迹结果见表 8-1 和图 8.1。阿克苏河绿洲 2006 年、2010 年、2015 年均衡面积和人均生态足迹呈明显递增趋势，具体演变特征描述如下：

（1）阿克苏河灌区 2006 年、2010 年、2015 年的耕地的均衡面积分别为 0.8524hm²/人，1.2743hm²/人，1.7000hm²/人，上升趋势明显，表明人们对耕地上所生产的产品的消费量不断上涨，农业发展势头迅猛，阿克苏河灌区农业发展是经济发展的重中之重，经济发展以农业为主；同时也反映出人们对耕地的影响在逐年增大，第一产业仍然占据着经济发展中较大的一块。

表 8-1   阿克苏河绿洲人均生态足迹计算结果

土地类型		耕地	草地	林地	化石燃料用地	建筑用地	水域	合计
均衡因子		2.8	0.5	1.1	1.1	2.8	0.2	
人均生产性土地总面积（hm²/人）	2006 年	0.3044	1.1069	0.0178	1.312	0.0071	0.1547	
	2010 年	0.4551	1.114	0.0435	2.2303	0.0144	0.2124	
	2015 年	0.6071	1.2915	0.0619	4.036	0.0352	0.437	
人均生态足迹（hm²/人）	2006 年	0.8523	0.5535	0.0196	1.4432	0.0199	0.0309	2.9194
	2010 年	1.2743	0.557	0.0479	2.4533	0.0403	0.0425	4.4153
	2015 年	1.6999	0.6458	0.0681	4.4396	0.0986	0.0874	7.0394

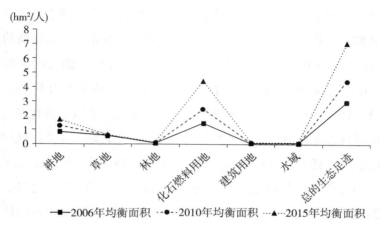

图 8.1 阿克苏河绿洲 2006 年、2010 年、2015 年人均生态足迹变化

(2)草地三年的均衡面积分别为0.5535hm²/人, 0.5570hm²/人, 0.6458hm²/人, 有上升的趋势, 但是变化幅度不大, 上升趋势不明显, 表明当地畜牧业的发展势头平稳, 也是经济发展中很重要的一环, 是当地经济发展的一大特色。上升趋势不明显表明人们的生产生活对草地有影响但影响不大, 人们较为注重草地的可持续发展。

(3)林地三年的均衡面积分别为0.0195hm²/人, 0.0479hm²/人, 0.0681hm²/人, 呈上升趋势且上升趋势平稳, 表明当地林业发展受到环境因素和人为因素的双重影响, 变化不大, 和草地类似, 人们也较为注重林地的可持续发展。

(4)化石燃料用地三年的均衡面积分别为 1.4432hm²/人, 2.4533hm²/人, 4.4396hm²/人, 呈上升趋势且上升趋势十分明显, 几乎成倍增加, 说明人们对化石燃料的需求量越来越大, 当地工业发展迅速, 是阿克苏河灌区经济发展中的后起之秀, 有和农业发展齐头并进的趋势, 也从侧面表现出当地经济发展势头迅猛, 产业结构也在经济的发展中被不断调整优化。

(5)建筑用地三年的均衡面积分别为 0.0198hm²/人, 0.0402hm²/人, 0.0986hm²/人, 呈上升趋势, 变化平稳, 表明人们对生产生活所需的电力的需求量在不断增加, 人们的生活水平在不断提高, 也从侧面反映出当地经济的不断发展, 人们的经济水平在不断提高。

(6)水域三年的均衡面积分别为 0.0309hm²/人, 0.0425hm²/人, 0.0874hm²/人,

呈上升趋势，变化平稳，表明人们对生产生活所需的电力、热力的需求量在不断增加，也从侧面反映出当地经济的不断发展，社会经济水平不断提高的现状。

（7）2006 年、2010 年、2015 年阿克苏河灌区三年的总的人均生态足迹分别为 2.9193hm²/人，4.4152hm²/人，7.0394hm²/人，整体呈上升趋势，耕地、化石燃料用地、建筑用地的变化相对较大，草地、林地、水域的变化相对较小，表明阿克苏河灌区近年来第二、第三产业快速发展，尤其是工业生产规模的快速扩大所造成的能源消耗量的大量增加，并且成为影响阿克苏河灌区生态足迹增长的最大因素，需要引起政府和人民对当地经济可持续发展的关注。此外，随着生活水平的不断提高，种植业生产的生物产品在人民生活消费中所占的比例逐渐减小，而动物性生物产品的需求不断上升，消费量不断加大。

8.2　人均生态承载力计算与分析

根据阿克苏河灌区 2006 年、2010 年、2015 年三个时点的土地利用数据、资源能量消耗统计数据，计算得到 3 个时点的人均生态承载力结果（表 8-2）。

表 8-2　　　　　　　　　　阿克苏河绿洲人均生态承载力计算结果

土地类型	均衡因子	产量因子	总面积（hm²）	人均生态承载力（hm²/人）	总面积（hm²）	人均生态承载力（hm²/人）	总面积（hm²）	人均生态承载力（hm²/人）
耕地	2.8	1.66	620990.3	1.9604	634520.9	2.033	634520.9	1.8567
草地	0.5	0.19	81357.8	0.0052	34049.9	0.0022	34049.9	0.002
林地	1.1	0.91	357268.8	0.2429	319698.3	0.2206	319698.3	0.1868
化石能源	0	0	0	0	0	0	0	0
建设用地	2.8	1.66	14241.1	0.045	15937.3	0.0511	15937.3	0.1916
水域	0.2	1	119367.4	0.0162	106064.3	0.0146	106064.3	0.0115
生态承载力				2.2698		2.3215		2.2485
生物多样性保护（12%）				0.2724		0.2786		0.2698
可利用生态承载力				1.9974		2.0429		1.9787

由表8-2可知，阿克苏河绿洲2006年、2010年、2015年人均生态承载力以及各地类贡献的演变特征描述如下：

（1）生态承载力构成中，耕地（包含园地）所占比重最大，均在80%以上，2010年占到87.5%；在承载力的增量中耕地所占的面积也最大，表明了耕地在阿克苏河灌区生态环境中所起的重要作用。但耕地的人均生态承载力呈先升后降的态势，灌区在2006—2010年期间，耕地面积在增加，农业发展迅速，且耕地的质量相对较好，处于农业快速发展的时期；而在2010—2015年期间，耕地面积在逐年减少，说明当地经济发展过于依赖于农业发展，对耕地的过度开发和不合理利用造成了耕地的土地退化现象严重，同时经济发展产业结构的不断优化完善，也将经济发展的重心从农业上转移出来，耕地面积不断减少。

（2）林地在阿克苏河灌区的生态承载力中也占有一定的地位，3个时点的人均生态承载力分别为0.2429hm²/人，0.2206hm²/人，0.1868hm²/人，呈下降态势，受水资源的影响，阿克苏河灌区林地退化问题比较严重，不合理利用、过度开发、毁林开荒等现象频出，尤其是胡杨林大面积退化，当地政府需要加强合理利用和有效措施来对林业生态系统进行修复和保护。

（3）建筑用地3个时点的人均生态承载力分别为0.0450hm²/人，0.0511hm²/人，0.1916hm²/人，呈现不断上升的趋势，说明阿克苏河灌区建筑用地的生态承载力不断上升，建筑用地面积增加，反映出人们的生活水平和生活质量在提高，经济活动明显，也从侧面表现出影响环境的人为因素的影响在不断扩大。

（4）水域3个时点的人均生态承载力分别为0.0162hm²/人，0.0146hm²/人，0.0115hm²/人，呈消减趋势，但速度不快，说明水域面积在减少，其原因应该有两方面，一方面当地气候干旱，年蒸发量大，水域面积会有相应的减少；另一方面，人为因素对它的影响也在经济发展中不断加大，面积减少，其中人为因素占主导地位。

（5）草地3个时点的人均生态承载力分别为0.0052hm²/人，0.0022hm²/人，0.0020hm²/人，呈现逐年降低的趋势，说明草地的生态承载力退化，草地面积减少，草地退化问题严重，需要人们注重草地的合理应用，采取有效的措施来保护。

（6）在扣除12%的生物多样性保护的承载力之后，2006年、2010年、2015年阿克苏河灌区三年的可利用的人均生态承载力为 1.9974hm²/人、2.0429hm²/人、1.9787hm²/人，呈现先升后降的趋势，说明在 2006—2010 年期间，阿克苏河灌区可利用的生态承载力在增加，经济发展对生态环境的影响还没有表现得太过明显，而在 2010—2015 年期间，阿克苏河灌区可利用的生态承载力在减少，且减少的幅度比 2006—2010 年增长的幅度要大，经济发展对阿克苏河灌区生态环境的不利影响开始暴露出来，生态环境开始逐渐恶化，生态承载力不断减少，未来一段时间需要人们积极采取有效的生态建设措施来保护阿克苏河灌区相对脆弱的生态环境。

（7）从各类生物生产性用地的生态承载力变化趋势来看，耕地及建筑用地的变化相对明显，变化幅度比及其他几类土地类型来说较大，而耕地及建筑用地受人为因素影响相对较大，说明人为的一些生产生活活动对生态环境的影响相对较大，经济发展过程中对环境的破坏后果开始显现，以第一、二产业为主的经济发展产业结构的不利之处开始凸显，需要我们调整优化产业结构，在经济发展的同时兼顾生态环境的保护。同时也说明阿克苏河灌区的生态环境相对脆弱，且发展前景不太乐观，需要引起当地政府及人民的高度重视。

8.3　生态盈余平衡分析

根据对 2006 年、2010 年、2015 年阿克苏河灌区 3 个时间节点的可利用的人均生态承载力和人均生态足迹的计算结果，用可利用的生态承载力减去生态足迹，得出这 3 个时间节点的生态盈亏结果见表 8-3。

表 8-3　　　　2006 年、2010 年、2015 年阿克苏河灌区生态盈亏

类型	2006 年	2010 年	2015 年
生态足迹	2.9194	4.4153	7.0394
可利用的生态承载力	1.9974	2.0429	1.9787
生态盈亏	−0.922	−2.3724	−5.0607
强度指数	1.46	2.16	3.58

由表 8-2 可知，阿克苏河灌区 2006 年、2010 年、2015 年这 3 个时间节点的生态盈亏分别为 $-0.922\text{hm}^2/$人，$-2.3724\text{hm}^2/$人，$-5.0607\text{hm}^2/$人，说明阿克苏河灌区 2006 年、2010 年、2015 年都处于一个生态赤字的状态，且赤字的程度越来越严重，生态足迹强度指数均大于 1，说明该地区生态超载比较严重而且有增加的趋势。生态赤字的存在，说明人类的消费需求超过了自然系统的再生能力，反映人类的生产和生活强度超过了生态系统的承载能力，区域生态系统处在人类的过度开发和利用的压力之下。从对生态足迹及生态承载力的分析，可以初步得出造成这种状况的原因分为两方面，一方面，从生态承载力看出，阿克苏河灌区的生态环境相对脆弱，退化得越来越严重，不利于可持续发展的产业模式加速了生态环境的恶化，生态承载力在不断减弱；另一方面，从生态足迹看出，阿克苏河灌区的当地人的生产生活所需要的资源能量大且增长迅速，产业结构不合理，工、农业所占比重大，不利于阿克苏河灌区经济的可持续发展，生态环境所需要承受的压力持续增大。

日渐增大的资源需求量，日益脆弱的生态环境，双重压力下，阿克苏河灌区的生态环境陷入种恶性循环中，造成生态环境一定程度上不可逆转的破坏，不利于阿克苏河灌区的可持续发展，需要人们更加注重环境保护，调整产业结构，采取有效的保护措施和合理的利用方式，积极推进生态文明建设，形成一个有利于生态环境的良性循环，不要让日益脆弱的生态环境更加负担累累。

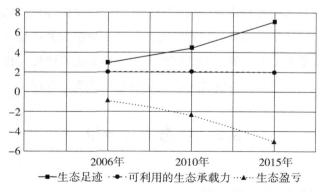

图 8.2　阿克苏河绿洲生态足迹、生态承载力、生态盈亏变化图

8.4　生态可持续发展建议

（1）调整产业结构，以"文化经济"代替"土地经济"。纵观上述研究，不难发现阿克苏河灌区以第一、二产业为主的产业结构是不利于经济的可持续发展的。所以，要调整产业结构，加大对第三产业的投入，减少第一、二产业的占比，以减轻对生态环境的巨大压力，大力发展旅游业。阿克苏河灌区虽然干旱，以沙漠、戈壁及绿洲为主，是发展工农业的"不毛之地"，但这些自然地貌却是发展旅游业的基础，同时旅游业的发展也会带来交通、商业、娱乐、餐饮住宿及经济金融的大力发展，从而带动当地经济的发展，减少经济发展对当地生态环境的压力。如阿克苏地区"十三五"规划中提出要做强"峡谷系列游""龟兹文化游""塔河胡杨游""天山生态游""多浪文化游"和"农家休闲游"等特色旅游业，以旅游促生态环境的改善。

（2）大力发展小城镇建设，加快城市化建设。城镇化可以把农业上的劳动力转移到城镇中，加快产业结构的调整优化，也减少了毁林开荒、破坏植被的现象发生，做到退耕还草还林，减轻农业发展对生态环境压力，有利于经济的可持续发展。

（3）大力宣传可持续发展观念，提高环保意识，开展相关宣传活动，如举办相关讲座、社区板报宣传、走入社区进行一对一宣传等。依法管理监督各个产业发展，做到政府与人民齐心协力，共同监督管理，把保护落到实处，加强监督管理，如根据草原法的基本原则，针对当地实际尽快制定有关草地生态法制管理细则和相关配套规章及奖惩制度。由政府出面建立相关法律法规、相关管理部门及奖惩制度，大力培养相关监督管理人员，加强对畜牧业的管理。

8.5　生态安全评价

8.5.1　指标体系构建原则

生态安全评价指标体系是充分展现区域生态安全状况和程度的，以度量人类举动致使的自然环境状况的变化水平及人类克服生态安全风险和保护生态安全的本领。所以，在构建指标体系时，要遵循以下原则：

（1）科学性：指标选取要遵循科学性原则，所选取指标需真实反映绿洲水环境、植被环境等对生态安全的影响，能全面反映系统各方面内涵。

（2）代表性：指标选择不能太多太细致。避免指标间内涵的重叠。

（3）易获取性：选取指标应该容易获取，尽可能为现有统计指标体系中已有的指标，以确保指标的真实性。

（4）整体性：生态安全概念反映的是自然-社会-经济复合的生态系统，因此在创建评价指标体系中要有重视整体性原则，除了自然资源等生态评价因子外，还要同时考虑社会、经济等评价因子，要将所有要素看作一个整体进行研究。

8.5.2　P-S-R 框架模型

压力（Pressure）-状态（State）-响应（Response）框架模型的提出，主要用来表征人类与环境关系。"压力"指人们为了获取社会经济发展所需的物质通过各种活动从自然界获取，从而给自然环境和资源带来的危害；"状态"是反映当下资源环境所表现出的样子；"响应"是资源环境消耗中，人类借助经济或者政策等方面来反作用与压力的对策。PSR 模型有助于指标分类，具有层次性和完整性等特点，可为生态安全评价提供更科学合理的措施。

8.5.3　指标体系构建的步骤

1. 运用层次分析法对绿洲生态安全系统进行分析

基于 PSR 框架将绿洲生态安全系统分为三个子系统：压力系统、状态系统和响应系统。运用层次分析法将研究的系统进行分层，根据实际情况，将研究区系统分解为四个层次。

2. 建立评价指标体系

运用层次分析法将影响生态安全的指标列出，然后对指标进行筛选，对有重叠性含义的指标以及不合适的指标进行剔除。指标确定后，根据生态安全评价的框架模型，结合研究区生态环境的制约因素，采用主观判断、研究成果参考、咨询相关领域专家等方法，建立绿洲生态安全评价指标体系。

8.5.4　生态安全评价分析

为了衡量一个区域生态安全状况，其指标的选择必须具有典型性、能全面反映生态安全这一综合性目标，且能够定量判断，因此，指标的主要选择理由是它是否能反映研究的目的和数据的可用性。

因为水资源、植被资源和土地资源是影响阿克苏河绿洲生态安全的关键因素，因此在选取指标时候，需涉及气候、水资源、土地类型、植被等相关要素，而人口剧增和人类活动又是造成生态环境进一步恶化的压力，因此城市化进程、人口、GDP 等相关指标需要考虑，特别是阿克苏河绿洲为农业生产基地，因此耕地数量和农产品数量也是必须考虑的因素。综上，本书基于 PSR 模型，构建评价指标体系，在压力指标层选取人口密度、人均 GDP、城市化率、地下水埋深、人均耕地面积指标。状态指标包括海拔、年平均气温、土地利用类型、水网密度、地表径流和指标覆盖指数，海拔、年平均气温、土地利用类型是基础自然要素；绿洲是干旱荒漠区特有的自然地理景观，也是世界上沙漠区域最活跃的自然景观。因为水的存在造成了沙漠绿洲和沙漠的景观完全不同。阿克苏流域是荒漠绿洲，水资源成为危及当地农业经济发展以及生态安全重要影响因素。地表径流研究可以摸清水资源状况，而水网密度和地表径流主要是衡量地区水资源充足状况。植被可以指示绿洲地区生态环境的变化因为它对气候、地形、地貌、土壤、水文条件等因素的改变非常敏感，是生态安全评价中重要驱动力之一。其中，植被覆盖指数是量度地表植被情况一个很好指标。随着国家对绿洲生态安全的重视，开始规范人类活动，实施阿克苏河绿洲生态环境保护和修复等工程改变环境状况，以恢复环境质量或防止生态环境进一步恶化，因此，本书选取农民人均收入、单位营林固定资产投资额、单位退耕还林面积、单位造林总面积、单位水土流失治理面积作为响应指标。

通过参考已有研究成果和咨询相关专家，最终选取 15 项指标在 P-S-R 模型上建立阿克苏河绿洲生态安全评价指标体系(表 8-4)。

表 8-4　　　　　　　　　阿克苏河绿洲生态安全评价指标体系

目标层	准则层	要素层	指标层
阿克苏河绿洲生态安全指数	压力指标(P)	经济压力	人口密度
			人均 GDP
			城市化率
		资源压力	人均耕地面积
			地下水埋深
	状态指标(S)	自然状态	海拔
			年平均气温
			土地利用类型
		资源状态	水网密度指数
			地表径流
			植被覆盖度
	响应指标(R)	经济响应	农民人均纯收入
			单位营林固定资产投资额
		环境响应	单位退耕还林面积
			单位造林总面积
			单位水土流失治理面积

指标具体说明如下:

人口密度:反映人口数量的压力;人均 GDP:表征人类社会发展程度;城市化率:城镇化进程对生态安全的影响,利用非农业人口比总人口代表城市化率;人均耕地面积:表征人类对耕地的需求度,耕地对生态用地压力。这些数据来源于 2007 年、2011 年、2016 年《新疆统计年鉴》。

海拔:绿洲自然状态的主要指标,数据来源于阿克苏河绿洲 DEM 数据。

平均气温:气温对于动植物的成长具有重要的生态意义,甚至可以改变动植物最终生长的形态。数据来源于 2006 年、2010 年、2015 年气象资料。

土地利用类型:反映了人类举动对生态环境的干预程度,不同的土地利用类型对生态环境的影响有差别,数据来源于遥感影像人工目视解译结果。

水网密度指数：指评估地区内水域总面积占评价区域面积的比重，体现绿洲水资源的存量程度。

植被覆盖度：反映绿洲的植被覆盖情况，数据来源于 2006 年、2010 年、2015 年 7 月的 TM 遥感影像。

农民人均纯收入：反映人的生活水平。数据来源于 2007 年、2011 年、2015 年《阿克苏年鉴》。

单位营林固定资产投资额：反映某地区用来经营林业的投资额度，通过该区域营林固定资产投资总额比区域面积；单位退耕还林面积：反映由于人类为了生存对生态环境系统进行改造的程度，侧重在耕地转林地对生态环境影响。区域退耕还林总面积比区域总面积；单位造林总面积：表征人类活动对生态环境的改造，尤其是植被方面的改造，区域造林面积比区域总面积；单位水土流失治理面积：反映人类采取相关工程人为改良生态环境对区域生态环境影响。区域水土流失治理面积比区域总面积。基础数据来源于《新疆统计年鉴》。

1. 评价指标属性数据获取

DEM 数据使用空间数据云 30m 分辨率数字高程数据。将 DEM 数据从数据服务平台上下载下来进行预处理后，绿洲边界进行裁剪，得到阿克苏河绿洲 DEM 数据(图 8.3)。

由图可知阿克苏河绿洲高程范围在 905~1872m 之间，地势北高南地，西高东低，本文将评价单元统一划分为 10km×10km 等面积网格，根据阿克苏河绿洲高程栅格数据，利用 ArcGIS 提取工具提取出高程点，求取网格内高程平均值为该网格的高程属性，将高程栅格数据转为矢量数据(图 8.4)。

海拔 1050m 以下地区主要分布在沙雅县、阿瓦提县以及阿克苏市东部；1050~1200m 地区主要分布在阿克苏市北部和西南部以及温宿县大部门地区；1200m 以上区域主要分布在乌什县。

高程越高，生态安全等级越低。咨询相关专家建议，将高程划分级别，共区分 5 个级别，为了容易计量，对各级赋值。阿克苏河绿洲高程按照 1050m 以下、1050~1200m、1200~1350m、1350~1500m、1500m 以上等范围进行分级，生态安全等级分别对应非常安全、基本安全、预警、不安全和很不安全，见表 8-5。

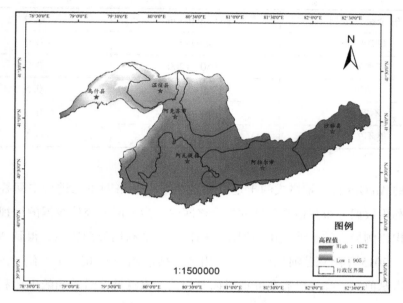

图 8.3 阿克苏河绿洲 DEM 图

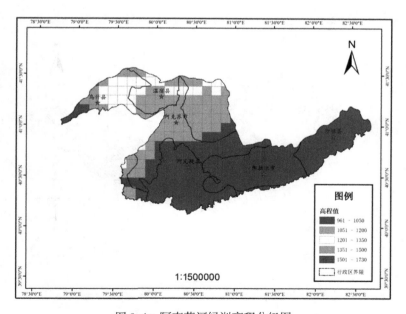

图 8.4 阿克苏河绿洲高程分级图

表 8-5　　　　　　　　　阿克苏河绿洲高程生态安全级别区划统计表

安全级别区划	高程范围(m)	赋分
非常安全	<1050	0.9
基本安全	1050~1200	0.7
预警	1200~1350	0.5
不安全	1350~1500	0.3
很不安全	>1500	0.1

　　借助 ArcGIS 将矢量格式的土地利用现状数据和格网单元进行空间叠加，使得土地利用数据分布在格网数据的每个格网中，为了便于统计数据的可视化，以单位面积比例最大的土地利用类型作为网格的土地利用类型属性，得到 2006 年、2010 年、2015 年阿克苏河绿洲土地利用类型格网图(以 2015 年为例，图 8.5)。通过专家赋值法，参考已有研究成果以及相关专家意见，给不同的土地利用类型赋予不同的得分值见表 8-6。

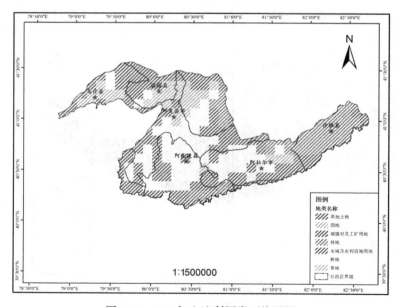

图 8.5　2015 年土地利用类型格网图

表 8-6 土地利用类型分级赋值表

土地利用类型	耕地、园地	林地、草地	城镇村及工矿用地	水域及水利设施用地	其它土地
生态安全分值	0.6	0.8	0.4	0.9	0.2

借助 ArcGIS 将植被指数和格网单元进行空间叠加，使得植被指数分布在格网数据的每个格网中，为了便于统计数据的可视化，采用面积占优法得到 2006 年、2010 年、2015 年阿克苏河绿洲植被指数格网图(以 2015 年为例，图 8.6)。

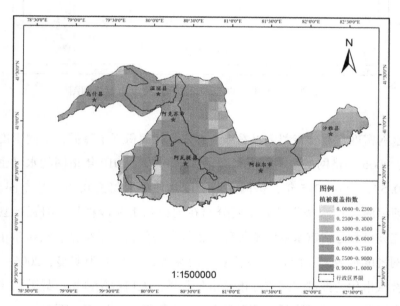

图 8.6 2015 年阿克苏河绿洲植被覆盖指数格网

水网密度指数是用来反映该评价区域的水的丰富程度的指标，具体是指河流的评价面积、水面积加起来的评价区总面积的比例。在以 10km×10km 为评价单元的格网中，分别计算 2006 年、2010 年、2015 年三年的水网密度指数，取值在 0~1 之间，得阿克苏河绿洲 2006 年、2010 年、2015 年三年的水网密度指数图(以 2015 年为例，图 8.7)。

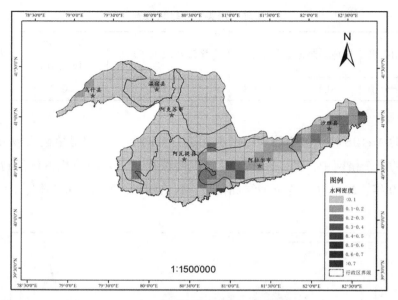

图 8.7　2015 年阿克苏河绿洲水网密度指数格网图

从水网密度指数分布图可以看出，首先水域面积逐年降低，水网密度指数逐年减小，2006 年格网的水网密度指数最大为 0.77，2010 年格网的水网密度指数最大为 0.59，而到 2015 年，格网水网密度指数最大仅为 0.48。从空间分布上，阿克苏河绿洲水资源密集区域主要分布在阿拉尔市和沙雅县，阿瓦提县、乌什县、阿克苏市和温宿市水资源密集程度较低。乌什县、温宿县、阿拉尔市、阿克苏市水网密度指数逐年降低，乌什县和阿克苏市变化尤为明显，2006—2015 年间，随着城市化的推进，阿克苏市城市化明显，人口数量剧增，导致需水量明显增多，水资源数量明显降低，而乌什县在 15 年间，园地面积明显增加，可能会存在围湖造田等现象，再加上当地农民水资源不合理利用，园地增多导致用水量增多等原因，使得水网密度指数下降尤为明显。

2. 评价指标权重确定

以 258 个格网作为阿克苏河绿洲评价单元，选取 2006 年、2010 年、2015 年三年数据为样本，采用基于量子遗传投影寻踪模型方法确定权重，根据前述的理论，设定样本维数为 258，指标数为 16，通过对 16 个指标数据标准化处理后，进行优化计算，其中种群大小设定为 200，最大遗传代数设定为 400，得出阿克苏河绿洲生态安全空间最佳投影方向向量 a(各评价指标的权重)和每个样本对应的生态安全投影值。量子遗传算法流程主要借助 MATLAB2014a 编程实现整个计算过程。利用量子遗传算法与 MATLAB 工具箱中的直接搜索工具箱求最优，用 MATLAB 代码编写适应度函数，在 MATLAB 中以 M 文件的形式存储适应度函数。部分代码如下：

```
MAXGEN=400;
sizepop=200;
Lenchrom=20.*ones(1,p_data);
Trace=zeros(1, MAXGEN);
best=struct('fitness', 0,'X', [ ],'binary', [ ],'chrom', [ ]);
Chrom=InitPop(sizepop*2, sum(lenchrom));
Binary=collapse(chrom);
[fitness, X]=FitnessFunction(binary, lenchrom);
[best.fitness, bestindex]=max(fitness);
best.binary=binary(bestindex,:);
best.chrom=chrom([2*bestindex-1: 2*bestindex],:);
best.X=X(bestindex,:);
trace(1)=best.fitness;
fprintf('%d \n', 1)
For gen=2：MAXGEN
fprintf('%d \n', gen)
binary=collapse(chrom);
[fitness, X]=FitnessFunction(binary, lenchrom);
Chrom=Qgate(chron, fitness, best, binary);
[newbestfitness, newbestindex]=max(fitness);
If newbestfitness>best.fitness
    best.fitness=newbestfitness;
```

91

```
best.binary = binary(newbestindex,:);
    best.chrom = chrom ([2 * newbestindex-1: 2 *
newbestindex],:);
    best.X = X(newbestindex,:);
end
trace(gen) = best.fitness;
end
```

经程序运行后, 得到 2006 年阿克苏河绿洲生态安全最佳投影方向向量 a1 =
[0.0780; 0.0022; 0.4725; 0.5851; 0.0825; 0.1260; 0.3347; 0.3173; 0.0632;
0.2152; 0.3026; 0.1198; 0.1732; 0.0715; 0.0162; 0.0377]。2010 年阿克苏
河绿洲生态安全投影方向向量 a2 = [0.1015; 0.3414; 0.4244; 0.4461; 0.2020;
0.4212; 0.1191; 0.0962; 0.2749; 0.2225; 0.1738; 0.0269; 0.0366; 0.0813;
0.2401; 0.1756]。2015 年阿克苏河绿洲生态安全投影方向向量 a3 = [0.2324;
0.1829; 0.2598; 0.2211; 0.0463; 0.3890; 0.2246; 0.3841; 0.5776; 0.0029;
0.2924; 0.1265; 0.0511; 0.0060; 0.0217; 0.0803]。

最佳投影方向向量就是各评价指标的权重, 它可以反映出各评价指标对绿
洲生态安全的影响程度, 其值越大, 说明该评价指标对阿克苏河绿洲生态安全
影像越大。通过表 8-7 可知, 2006 年, 城市化率、地下水埋深、年平均气温、
土地利用类型、地表径流、植被覆盖指数为阿克苏河绿洲生态安全的主要影响
因素, 其投影方向向量均在 0.2 以上; 2010 年, 人均 GDP、城市化率、地下
水埋深、海拔、水网密度指数、单位造林总面积为阿克苏河绿洲生态安全主要
影响因素, 其投影方向均在 0.2 以上; 2015 年, 海拔、土地利用类型、水网密
度指数、植被覆盖度、城市化率、人口密度为阿克苏河绿洲生态安全主要影像
因素, 其投影方向均在 0.2 以上。尽管同一指标在不同年份中最佳投影方向向
量数值大小不相同, 但根据其基本排序顺序, 可知城市化率、植被覆盖度、水
网密度指数、土地利用类型、地下水埋深、海拔是影响阿克苏河绿洲, 其投影
方向均在 0.2 以上, 说明这 6 个指标是影响阿克苏河绿洲生态安全的主要影响
因素。

表8-7 **2006 年、2010 年、2015 年阿克苏河绿洲生态安全最佳投影方向向量**

指标		2006 年	2010 年	2015 年
压力指标(P)	人口密度	0.0780	0.1015	0.2324
	人均 GDP	0.0022	0.3414	0.1829
	城市化率	0.4725	0.4244	0.2598
	地下水埋深	0.5851	0.4461	0.2211
	人均耕地面积	0.0825	0.2020	0.0463
状态指标(S)	海拔	0.1260	0.4212	0.3890
	年平均气温	0.3347	0.1191	0.2246
	土地利用类型	0.3173	0.0962	0.3841
	水网密度指数	0.0632	0.2749	0.5776
	地表径流	0.2152	0.2225	0.0029
	植被覆盖度	0.3026	0.1738	0.2924
响应指标(R)	农民人均纯收入	0.1198	0.0269	0.1265
	单位营林固定资产投资额	0.1732	0.0366	0.0511
	单位退耕还林面积	0.0715	0.0813	0.0060
	单位造林总面积	0.0162	0.2401	0.0217
	单位水土流失治理面积	0.0377	0.1756	0.0803

8.6　生态安全综合评价与空间分异

按照得到的投影寻踪方向向量,对 2006 年、2010 年、2015 年三年度生态安全状况进行定量分析并探究其空间分异规律,结合阿克苏河绿洲生态安全现状特点,并参考其他研究成果,利用最短距离聚类法,将每年的生态安全投影值分为五个等级,即非常安全、基本安全、预警、不安全、很不安全,得阿克苏河绿洲生态安全的空间格局图(图 8.8~图 8.10)。

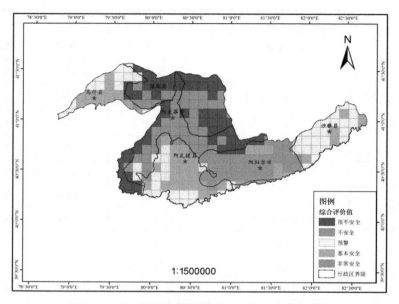

图 8.8　2006 年阿克苏河绿洲生态安全水平格局图

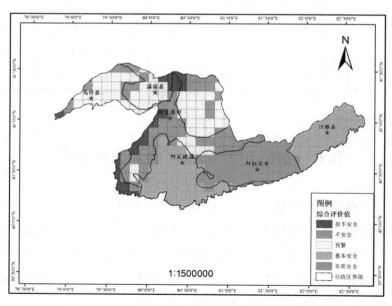

图 8.9　2010 年阿克苏河绿洲生态安全水平格局图

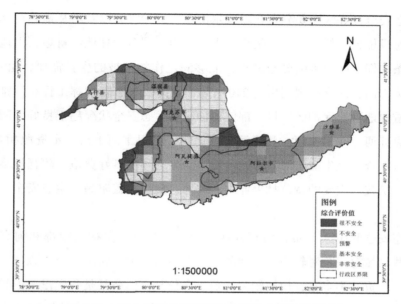

图 8-10 2015 年阿克苏河绿洲生态安全水平格局图

2006 年生态安全综合值的范围为 0.58~2.00, 其中非常安全区域主要分布在绿洲的东部, 阿拉尔市周边范围内, 基本安全区域主要分布在阿瓦提县和乌什县、预警区域主要分布在绿洲东部及西部, 以及沙雅县和乌什县; 不安全和非常不安全区域主要分布在阿克苏市和温宿县, 其中不安全区域主要分布在绿洲西南部、北部和东北部。

2010 年生态安全综合值的范围为 1.12~2.32。非常安全区域主要分布在绿洲的东部, 阿拉尔市周边范围, 基本安全区域分布在阿瓦提县、沙雅县; 预警区主要分布在乌什县、阿克苏市中部以及温宿县南部, 不安全区域主要分布在阿克苏市西部、温宿县北部, 非常不安全区域零星分布在乌什县、温宿县和阿克苏市。

2015 年生态安全综合值的范围为 0.95~2.34。非常安全区域主要分布在阿拉尔市和温宿县周边, 预警区主要分布在乌什县和温宿县南部以及阿克苏市中午, 而很不安全区主要分布在阿克苏市西北部以及温宿县西南部, 非常不安全区散落在乌什、温宿县和阿克苏市。

按照不同年份生态安全投影值得变化特征, 阿克苏河绿洲生态安全状况可以在空间上划分为生态安全良好区、生态安全和缓区和生态安全脆弱区。

生态安全良好区主要分布在阿拉尔市周边，沙雅县以及阿瓦提县东北部。这片区域海拔位置较低，地势起伏小，土地利用类型多为林地和耕地，土地质量佳且利用条件好，区内水网分布密集，能够满足作物植被的生长需要，植被茂密。国家政策方面，沙雅县规划启动 210 省道沿线万亩生态防护林工程和沙雅县塔里木河上游湿地自然保护区项目，都使得沙雅县生态安全状况趋于良好。阿拉尔市位于阿克苏河、叶尔羌河、和田河三河汇集，塔里木河上游，水资源相当丰富，在干旱区水资源是生命之源，因此阿拉尔为生态环境良好典范。阿瓦提县耕地资源丰富，是我国重要的特色林果业生产基地，植被覆盖率高，生态安全状况整体良好。

生态安全和缓区分布在阿瓦提西南部，乌什县、温宿县南部和阿克苏市中部。这些区域海拔相对较高，土地利用类型多为园地、耕地以及建设用地，水网密度小，水资源不丰富，植被较为稀疏。乌什县、温宿县是我国重要的果园生产基地，用水量较多，阿克苏市是绿洲城市，建设用地较多，植被覆盖率相对较低，且随着人口增多，需水量和用水量都有所增加。

生态安全脆弱区主要分布在绿洲西南部、北部和东北部，这些区域海拔相对较高，土地利用类型多为裸地、植被发育稀疏，生物多样性少，水网密度小，水资源严重不足，生态环境极其敏感和脆弱，若不采取措施加强保护，该区域将面临土地沙漠化等生态问题。

沙雅县以及阿拉尔市东部属于生态安全良好区。这片区域海拔位置较低，地势起伏小，土地利用类型多为林地，是生态环境保护重点区域，严禁砍伐树木等破坏生态环境的状况出现，地方政府需重视该区域的生态林建设工程，将其作为绿洲的生态安全保护屏障，需将这部分区域划为生态环境重点保护区。

阿拉尔市周边以及阿瓦提县东北部属于生态安全良好区，这些地区耕地，土地质量佳且利用条件好，区内水网分布密集，水资源丰富，能够满足作物植被的生长需要，植被茂密。可作为阿克苏河绿洲粮食生产基地。但此区域开发要注意以下几点，首先，虽然该区域水资源丰富，但是通过实地调查发现，当地农业生产灌溉比较落后，很多农民采用漫灌的方式，造成了水资源的浪费；其次，还易引发土地盐碱化等不良后果，因此，建议加大对该区域的科技投入，引入滴灌等措施。

阿瓦提西南部，乌什县、温宿县南部属于生态安全和缓区，土地利用类型多为耕地和园地，水资源相对较少，海拔相对较高，这些区域可划为阿克苏河绿洲果园生产基地，但在开发的同时，需要注意水资源的保护，不可只注重经济利益而忽视了环境效益。

阿克苏市属于生态安全和缓区，该区域为阿克苏地区的主城区，建设用地较多，城市化率逐年增高，并随着人口的增长，水资源需求量也增加，当地政府应该通过加大宣传力度等方式，树立当地人的节水意识，并相应控制人口的增长速度。

绿洲西南部、北部和东北部属于生态安全脆弱区，这些区域海拔相对较高，土地利用类型多为裸地、植被发育稀疏，生态环境尤其脆弱，若再不加以保护，这些区域荒漠化更加严重，再加上本身生态安全具有空间连片性，甚至会殃及其临近区域，使绿洲范围进一步缩小。因此对该区域需重点保护并加强生态建设，通过建设生态植被围墙等方式，缓解该区域生态环境状况，同时可以阻止其蔓延。

8.7 生态安全空间自相关分析

地理学第一定律提出，空间事物总在不同程度上相互联系和制约，但近处东西比远处东西相关性更强。空间自相关是用来测量在一个特定的空间位置的数据和其他位置的数据之间的相互依存程度。空间自相关评价和约束指数种类众多，但最基本的指数为 Moran's I 指数和 Geary's C 指数。空间自相关包括全局自相关和局部自相关。

其中，全局自相关主要是通过描述一个现象的总体分布来确定聚集现象是否存在于空间中，但不能准确地收集其中的具体领域，局部自相关可以实现聚集区域的确定，可以通过聚类和异常值分析来实现。该方法是 Luc Anselin 教授提出的，可识别具有高值或低值的要素的空间聚类，也可识别空间异常值。

利用 ArcGIS 的 Spatial Autocorrelation（Moran's I）对阿克苏河绿洲 2006 年、2010 年、2015 年三年的生态安全进行空间聚集性判定分析。Globe Moran's I 指数代表全局自相关性，Z 得分和 P 值都是统计显著性的度量，用于逐要素判断是否拒绝了零假设。如果 Moran's I 指数大于 0，且 $P<0.05$，$Z>1.96$，则表示地区具有空间相关性。分布是聚集型分布。见表8-8。

表8-8　　　　　　　　阿克苏河绿洲生态安全水平的全局空间自相关分析

年份	Moran's I	P 值	Z 得分	分布
2006	0.782274	0.000000	15.480064	聚集
2010	0.865003	0.000000	17.110873	聚集
2015	0.865392	0.000000	17.116118	聚集

通过 Moran's I 指数可以得出阿克苏河绿洲生态安全存在空间聚集分布的格局，三年的生态安全综合指数空间集聚效应都非常明显。

为了分析阿克苏河绿洲生态安全状况之间的内在联系，利用 ArcGIS 的 Anselin Local Moran I 对阿克苏河绿洲 2006 年、2010 年、2015 年三年的生态安全进行聚类和异常值分析。该功能计算的 Local Moran's I 值可以用来分析区域内部之间的相关关系。结果如图 8.11~图 8.13 所示。

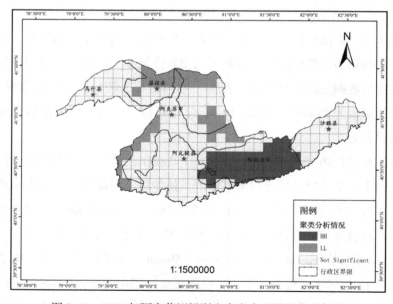

图 8.11　2006 年阿克苏河绿洲生态安全差异聚类分析图

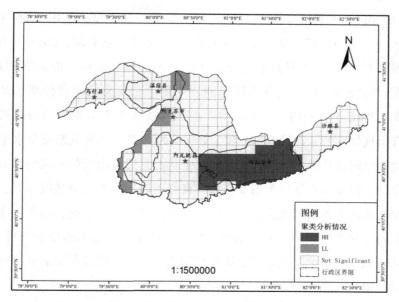

图 8.12   2010 年阿克苏河绿洲生态安全差异聚类分析图

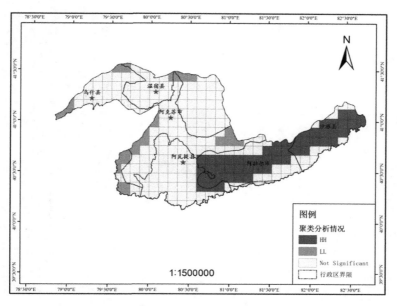

图 8.13   2015 年阿克苏河绿洲生态安全差异聚类分析图

结果表明，2006 年、2010 年、2015 年阿克苏河绿洲生态安全状况空间分布模式有 HH 和 LL 两种类型，是典型的高值聚类分布类型。其中 2006 年、2010 年、2015 年三年 HH 模式都主要分布在阿克苏河绿洲东南部，2015 年 HH 模式区域范围更大。LL 低值聚类主要分布在阿克苏河绿洲北部、西南部和东北部，所占面积比例较小。这与阿克苏河绿洲三年的生态安全状况评价结果是相符合的。其次，2006 年、2010 年、2015 年三年的生态安全差异聚类分析结果大致类似，没有出现异常值，即没有 HL 和 LH 模式的出现，说明生态安全水平状况具有延续性和空间连片性，某一区域生态安全状况是连片出现的，这与客观现实也是相符合的，很少存在某地生态安全极其良好而四周生态安全状况很差，或者某地生态安全状况很差而周边生态安全状况良好的情况。鉴于此，由于生态安全状况存在空间连片性，即某区域生态状况良好，其也可带动周边生态环境好起来，而如果某区域生态状况恶化，即会影响周边生态安全状况也跟着恶化，保护生态安全环境显得尤其重要。

第9章 基于 SWAT 模型的绿洲耗水与适宜规模

9.1 基于 SWAT 模型的阿克苏河径流模拟

主要从河网提取及流域分割、HRU 的划分、地形及积雪/融雪影响参数的确定、模型数据输入与模型运行等方面阐述建模过程。基于阿克苏河流域 DEM 数据、土地利用数据、土壤数据和 1972—2014 年气象数据，建立以阿拉尔水文站为流域总出水口的适用于阿克苏河流域径流模拟模型，结合实际监测数据，找出敏感度高的参数进行率定，完成模型的校准验证后，综合评估模拟结果的准确性，从而对模型适宜性进行客观评价。见表 9-1。

表 9-1 天气发生器参数及计算公式

参数	SWAT 代码	计算公式
月平均最低气温(℃)	TMPMN	$\mu mn_{mon} = \dfrac{\sum\limits_{d=1}^{N} T_{mn,mon}}{N}$
月平均最高气温(℃)	TMPMX	$\mu mx_{mon} = \dfrac{\sum\limits_{d=1}^{N} T_{mx,mon}}{N}$
最低气温标准偏差	TMPSTDMN	$\sigma mn_{mon} = \sqrt{\dfrac{\sum\limits_{d=1}^{N} (T_{mn,mon} - \mu mn_{mon})^2}{N-1}}$

参数	SWAT 代码	计算公式
最高气温标准偏差	TMPSTDMX	$smx_{mon} = \sqrt{\dfrac{\sum\limits_{d=1}^{N}(T_{mx,\,mon} - mmx_{mon})^2}{N-1}}$
月平均降水量(mm)	PCPMM	$\overline{R}_{mon} = \dfrac{\sum\limits_{d=1}^{N} R_{day,\,mon}}{yrs}$
平均降雨天数(d)	PCPD	$\overline{d}_{wet,\,i} = \dfrac{day_{wet,\,i}}{yrs}$
降水量标准偏差	PCPSTD	$\sigma_{mon} = \sqrt{\dfrac{\sum\limits_{d=1}^{N}(R_{day,\,mon} - \overline{R}_{mon})^2}{N-1}}$
降雨的偏度系数	PCPSKW	$g_{mon} = \dfrac{N\sum\limits_{d=1}^{N}(R_{day,\,mon} - \overline{R}_{mon})^3}{(N-1)(n-2)(\sigma_{mon})^3}$
月内干日日数(d)	PR_W1	$P_i(W/D) = \dfrac{days_{W/D,\,i}}{days_{dry,\,i}}$
月内湿日日数(d)	PR_W2	$P_i(W/W) = \dfrac{days_{W/W,\,i}}{days_{wet,\,i}}$
露点温度(℃)	DEWPT	$\mu_{dew_{mon}} = \dfrac{\sum T_{dew,\,mon}}{N}$
月平均太阳辐射量 (kJ/(m²·day))	SOLARAV	$\mu_{rad_{mon}} = \dfrac{\sum\limits_{d=1}^{N} H_{day,\,mon}}{N}$
月平均风速(m/s)	WNDAV	$\mu_{wnd_{mon}} = \dfrac{\sum\limits_{d=1}^{N} T_{wnd,\,mon}}{N}$

9.1.1　SWAT 模型构建

1. 河网提取及流域分割

SWAT 2012 流域划分模块主要包括 5 个过程：DEM 数据设置、河网定义、出水口/入水口设置、流域总出水口指定和子流域参数计算。在新建好的工程中导入DEM数据，按照模型默认的设置自动计算流域水流方向和集水面积。研究表明，子流域划分的个数及面积大小对最终的径流模拟结果影响较小，因此，本研究的集水面积阈值采用模型默认值，基于此生成了流域河网。将阿拉尔水文站确定为流域总出水口，并进行子流域参数计算。最终提取阿克苏河流域的总面积为 52882.19km²，一共划分了 18 个子流域，其中，最大子流域面积为 9330.62km²，最小子流域面积为 113.44km²，平均面积为 2937.90km²。如图 9.1 所示。

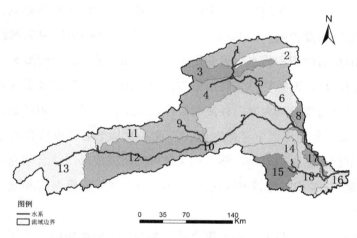

图 9.1　阿克苏河流域水系及子流域划分

2. HRU 的划分

HRU 的划分需要在完成子流域分割的前提下进行。HRU 是指综合考虑土地利用、土壤、坡度分级等下垫面数据将流域划分为多个相同土地利用、土壤类型和坡度级别组合，是 SWAT 模型运算过程中使用的最基本的单位。

土地利用数据、土壤数据及坡度信息决定着分割的每个子流域中 HRU 的分布水平和状况。在划分 HRU 之前，要先分别对土地利用数据、土壤数据及坡度进行重分类，并将重分类后的三种数据叠加分析。SWAT 模型为用户提供了三种不同的选择来对 HRU 进行定义：Dominant Land Use，Soil，Slope；Dominant

HRU；Multiple HRUs。本研究采用第三种定义方法，根据研究区的实际情况，自定义对土地利用面积、土壤面积及坡度等级的阈值赋值，三者阈值分别设定为10%、5%、7%，最终将阿克苏河流域划分为201个HRU。

3. 地形及积雪/融雪影响参数的确定

地形和积雪/融雪是高山地区水文模拟中两个重要的因素。Bürger在对哥伦比亚河源区冰川变化的研究中，采用高程影响的回归方法对气象数据进行处理，提高了模型模拟的精度。Konz在模拟喜马拉雅山尼泊尔境内的Langtang Khola河源区的流量和融雪时，在划分水文响应单元时考虑了地形因素的影响，在修改降水数据时考虑了梯度影响。Ozdogan在幼发拉底河和底格里斯河流域源头对气候变化影响下的积雪面积和雪水当量变化研究时，加入了高程带的影响。

阿克苏河流域地形独特，多高山冰雪，而高山地区，气温较低导致部分降水形成降雪，需要适当地增大融雪径流的模拟以此来提高径流模拟的精度。因此本研究将积雪/融雪和地形因素考虑在内，二者主要基于融雪模块和对子流域划分高程带来调节模型的模拟效果。参考相关领域的研究成果，结合阿克苏河流域实际情况，确定100%积雪覆盖雪深阈值为300mm，降雪临界温度和融雪临界温度分别为1℃和0℃。

当子流域设置高程带时，模型则自动认为考虑地形的影响。为了缓解地形对气温和降水引起的波动变化，用户可以通过SWAT模型对任一子流域最多设置10个高程带，各个高程带的降水和气温通过降水梯度（PLAPS）和气温梯度（TLAPS）计算得到。气温梯度（TLAPS）的确定需要通过SPSS软件对阿克苏河流域的海拔与气温进行相关性分析。利用研究区及周边7个气象站点34年的气温数据，建立多年平均气温与站点高程的线性关系，确定气温梯度（TLAPS）为-5.6℃/km。查阅相关资料，确定降水梯度（PLAPS）为169mm/km。

各个高程带降水量和气温的估算函数如下：

$$P_b = P + (E_b - E_{gage}) \cdot P_{laps}, \quad P > 0.01$$

$$T_{b, max} = T_{max} + (E_b - E_{gage}) \cdot T_{laps}, \quad T_{b, min} = T_{min} + (E_b - E_{gage}) \cdot T_{laps}$$

式中，P_b为某高程带中的降水量（mm）；P为流域内某气象站点的降水量（mm）；

E_b 为某高程带的平均高程值(m); E_{gage} 为某气象站点的高程值(m); $T_{b,\max}$、$T_{b,\min}$ 分别为某高程带的月均最高、最低气温(℃); $T_{\max}$、$T_{\min}$ 分别为气象站点最高、最低气温(℃); P_{laps}、T_{laps} 分别为降水梯度和气温梯度。

4. 模型数据输入与模型运行

在 SWAT 模型气象数据定义模块依次导入阿克苏、拜城、库车、吐尔尕特、阿合奇、柯坪、阿拉尔 7 个气象站的降水量、气温、相对湿度、太阳辐射及风速数据,并选择站点位置表 WGEN_user,最后写入所有的模型输入文件,包括:流域结构文件(.fig)、子流域文件(.sub)、HRU 文件(.hru)、土壤数据文件(.sol)、气象数据文件(.wgn)、主河道文件(.rte)、农业管理文件(.mgt)、河流水质文件(.swq)、地下水文件(.gw)、池塘数据文件(.pnd)、土壤化学文件(.chm)、水利用文件(.wus)。

在模型正式运行之前,根据实际研究目的需要对模型需要预测的时间范围、径流模拟方法、潜在蒸散发量的模拟方法及河道演算方法进行相应的设置。时间范围的选择参考收集到的水文站实测径流资料,若设定的时间范围溢出了实测数据的上限,天气发生器会自动估算填充超出时间范围的缺失部分。SWAT 模型提供两种径流模拟方法:Daily Rain/CN/Daily Route 和 Sub-Daily Rain/G&A/Hour Route。由于本研究收集的降水数据是日尺度的,所以选择 Daily Rain/CN/Daily Route 法来进行径流的模拟运算。模型提供四种潜在蒸散量的模拟方法:Priestley-Taylor、Penman/Monteith、Hargreaves 和 Read-In PET。

本研究使用 Penman/Monteith 法,此算法要求用户输入降水量、气温、相对湿度、太阳辐射及风速等具体的气象资料。模型提供两种河道演算方法,Muskingum 和 Variable Storage,本研究使用 Muskingum 法。经过大量实验表明,预热期太短会使得模型前几年的模拟值低于实测值,而预热期太长则会使得模型运算量过大,降低运行效率。因此,本研究设置模型预热期为 2 年(1998.1.1—1999.12.31),参数率定期为 2000.1.1—2006.12.31,模型验证期为 2007.1.1—2013.12.31。SWAT 模型运行界面如图 9.2 所示。

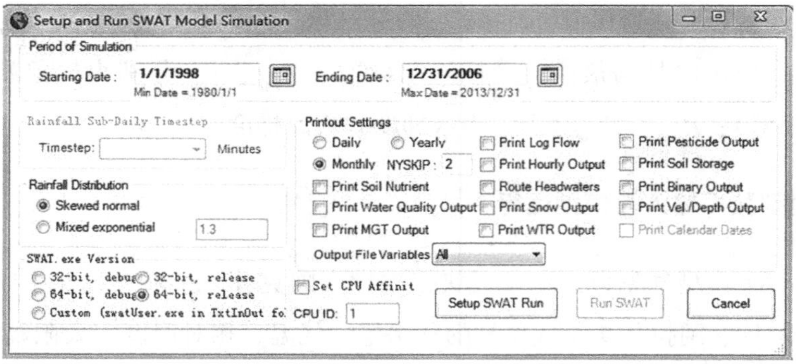

图 9.2　SWAT 模型运行界面

9.1.2　模型参数敏感性分析

采用瑞士联邦供水、废水处理与水资源保护研究所（EFFW，AGE）开发的
SWAT-CUP（SWAT Calibration Uncertainty Procedures）2012 程序来进行模型的校准
与验证。该程序将 SUFI2（Equential Uncertainty Fitting Version 2，连续不确定率定
法 V2），GLUE（Generalized Likelihood Uncertainty Estimation，广义最大似然不确
定估计）、ParaSol（Parameter Solution，参数优化方法），MCMC（Markov Chain
Monte Carlo，蒙特卡罗过程）和 PSO（Particle Swarm Optimization，粒子群算法）等
计算方法与 SWAT 关联起来，本研究选择 SUFI2 算法进行参数敏感性分析、模型
校准与验证、不确定性分析工作。

参数敏感性分析是确保模型校准与验证过程顺利运行的前提，其目的是判断
哪些输入参数对模型的模拟结果的影响程度更大。SWAT 模型的运行涉及许多参
数，而不同的参数对于不同的研究内容影响的敏感程度不尽相同。基于敏感性分
析的结果，筛选影响因子排名靠前的参数，为之后模型的校准、验证工作奠定坚
实的基础。

SUFI2 算法采用 LH 抽样法，这种方法从某种程度上可以看作分层抽样，即先
在分布空间内对每个参数进行 N 等份的划分，使得在不同的值域范围内参数出现的
概率都是 $1/N$。在此基础上，对参数进行随机抽样，每次抽样只产生参数的一个随
机抽取的值域范围。最后对以上参数随机组合并进行分别 N 次模拟，参数的敏感性

通过对抽样参数和目标函数进行多元性性回归分析得到，计算公式如下：

$$g = \alpha + \sum_{i=1}^{m} \beta_i b_i$$

SWAT-CUP 全局敏感性分析中，通常用来评估参数敏感性的指标有 2 个：p-Value和 t-Stat。p-Value 衡量参数敏感性的显著程度，它的值越接近零，说明敏感性越显著。t-Stat 衡量参数敏感性的程度，它的绝对值越大说明参数就越敏感。

选取相近领域研究成果中的敏感性参数作为阿克苏河流域的原始参数，输入到 SWAT-CUP 中这些基本参数重新评价分析，获得了相应 p-Value 值和 t-Stat 值，从中选择出模型模拟结果影响度高的参数，分析结果如表9-2 所示。

表 9-2　　　　　　　　　　　　敏感性参数分析结果

序号	参数名	参数含义	SWAT 模型提供的参数范围	文件
1	CN2	SCS 径流曲线数	35~98	.mgt
2	CH_K2	主河道有效水力传导系数	−0.01~500	.rte
3	CH_N2	主河道曼宁系数	−0.01~0.3	.rte
4	SMFMX	最大融雪因子	0~20	.bsn
5	SLSUBBSN	平均坡长	10~150	.hru
6	SFTMP	降雪温度	−5~5	.bsn
7	HRU_SLP	平均坡度	0~1	.hru
8	ESCO	土壤蒸发补偿系数	0~1	.hru
9	SOL_BD	土壤容重	0.9~2.5	.sol
10	ALPHA_BF	基流消退系数	0~1	.gw
11	GW_DELAY	地下水滞后时间	0~500	.gw
12	GW_REVAP	浅层地下水再蒸发系数	0.02~0.2	.gw
13	RCHRG_DP	深蓄水层渗透系数	0~1	.gw
14	GWQMN	浅层地下水径流系数	0~5000	.gw
15	SMTMP	融雪温度	−5~5	.bsn
16	SMFMN	最小融雪因子	0~20	.bsn
17	SOL_AWC	土壤有效持水量	0~1	.sol

9.1.3　模型校准与验证

1. 适用性评价指标

本研究具体选择相对误差 R_E、决定性系数 R^2 及 Nash-Sutcliffe 效率系数 NSE 三个常用的指标来衡量评价模型适用性是否良好。

（1）相对误差 R_E：

$$R_E = \frac{Q_s - Q_m}{Q_m} \times 100\%$$

式中，Q_m 为实测数据，Q_s 为模拟结果。R_E 值越是趋向于 0，表明模型的模拟结果准确度越高。$R_E > 0$ 时，表明模拟结果偏大；$R_E < 0$ 时，表明模拟结果偏小。

（2）决定性系数 R^2：

$$R^2 = \frac{\left[\sum_{i=1}^{n} (Q_m - \overline{Q}_m)(Q_s - \overline{Q}_s) \right]^2}{\sum_{i=1}^{n} (Q_m - \overline{Q}_m)^2 \sum_{i=1}^{n} (Q_s - \overline{Q}_s)^2}$$

式中，Q_m 为实测数据，Q_s 为模拟结果，$\overline{Q}_m$ 为实测数据平均值大小，$\overline{Q}_s$ 为模拟结果的平均值大小。决定性系数 R^2 反映了模型模拟结果与实测数据在变化趋势存在的具体差异。R^2 取值在 0 到 1 范围之间，当 $R^2 = 1$ 时，表明模型模拟结果和实测数据完全相同；当 $R^2 < 1$ 时，R^2 值越趋近于 1，表明模型模拟的准确性越高。

（3）Nash-Sutcliffe 效率系数 NSE：

$$\text{NSE} = 1 - \frac{\sum_{i=1}^{n} (Q_m - Q_s)^2}{\sum_{i=1}^{n} (Q_m - \overline{Q}_m)^2}$$

式中，Q_m 为实测数据，Q_s 为模拟结果，$\overline{Q}_m$ 为实测数据的平均值大小。NSE 是一个综合性评价指标，整体水平上反映了模型的模拟结果和实测数据的吻合效果。NSE 范围介于在 $-\infty \sim 1$ 间，NSE 越趋近于 1，表明模拟结果与实测数据越是接近；当 NSE = 1 时，表明模拟结果与实测数据相同；当 NSE < 0 时，则表明模型的

模拟效果差，可信度低。一般认为，当 NSE>0.5 时，就说明模型模拟结果比较准确，模拟效果理想。当 NSE 评价标准如表 9-3 所示。

表 9-3　　　　　　　　　　　确定性系数评价等级

等级	甲	乙	丙
评价标准	>0.9	0.7~0.9	0.5~0.7

2. 参数不确定性分析

由于采用的概念模型、数据精度存在较多不确定性，因此需要对参数进行不确定性分析，以确保模型模拟结果更加准确，可信度更高。SUFI-2 算法通过拉丁超立方采样法，对范围在 2.5%~97.5% 之间的模拟值进行综合统计来表示参数的不确定性。SUFI-2 算法用来评估参数不确定性的指标有 2 个：P-factor 和 R-factor，一般用 95PPU（95% Uncertainty Prediction）表示。其中，P-factor 是指 95PPU 区间实测数据所占份额的百分比，R-factor 是指 95PPU 区间的平均宽度与实测数据标准偏差的比值。

理论上，P-factor 取值范围在 0~1 之间，R-factor 取值范围在 0~∞ 之间。P-factor 为 1、R-factor 为 0 时，表示模型的模拟结果和实测数据完全吻合。当 P-factor 越趋近于 1 且 R-factor 越趋近于 0 时，参数的不确定范围才最佳，模型的模拟结果才最为理想。

3. 模型校准与验证

本研究通过 SWAT-CUP 程序，基于阿拉尔水文站 2000—2006 年的实测月均径流数据进行模型的校准工作，验证期选择 2007—2013 年。在模型校准之前，首先要对每个参数分别设定上限和下限，并设置每一轮程序迭代的次数，本研究设置每轮迭代的次数为 500 次，模型每跑一轮，都将在首次设定的参数范围内寻找最佳的参数值，并将提示下一轮迭代时模拟参数的最佳范围。

模型校准期的月径流模拟结果如表 9-4 所示，校准期模型的模拟结果与实测数据的变化趋势大致相同，表明模拟效果较好。校准期月均径流量实测数据为 145.62m³/s，月均径流量模拟结果为 138.70m³/s，相对误差 R_E 为 -4.75%，模拟结果相对于实测数据偏低，决定性系数 R^2 和效率系数 NSE 均为 0.89，对比确定性系数评价等级可知为乙等，参数的率定结果满足了模型模拟的要求。

表 9-4　　　　　　　　　　　校准期月径流模拟结果评价

	实测值 （m³/s）	模拟值 （m³/s）	相对误差 R_E（%）	决定性系数 R^2	效率系数 NSE
校准期	145.62	138.70	-4.75	0.89	0.89

表 9-5　　　　　　　　　　　验证期月径流模拟结果评价

	实测值 （m³/s）	模拟值 （m³/s）	相对误差 R_E（%）	决定性系数 R^2	效率系数 NSE
验证期	136.42	125.54	-7.98	0.84	0.82

模型验证期的月径流模拟结果如表 9-5 所示，验证期月均径流量的模拟结果为 125.54m³/s，比实测数据 136.42m³/s 低了 10.88m³/s，相对误差 R_E 为 -7.98%，决定性系数 R^2 为 0.84，效率系数 NSE 为 0.82，除个别月份模拟结果大于实测数据外，整体比实测数据小，整体上能体现真实径流量的趋势走向，效果比较理想，说明 SWAT 模型能够很好地运用在阿克苏河流域。阿克苏河流域的径流量呈现冬季极小，春季过后大幅度增加的季节性特点，5—9 月之间径流量增加趋势最为显著，7、8 月径流量达到峰值，是由于气温的不断升高而使得冰雪融化加速。7、8 月是冰雪消融的集中时期，故而径流量增加显著。由于冬季气温过低，几乎不存在冰雪融水的现象，从而径流量相对小。当春季气温逐渐回升，冰雪融水现象加剧，在 5—9 月的汛期阶段流域的径流量明显增大，年径流量增大，说明阿克苏河流域的水文径流主要来源于冰雪融水。如图 9.3～图 9.6 所示。

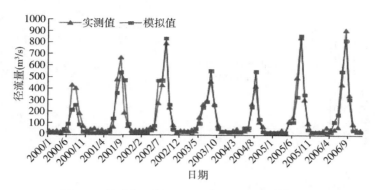

图 9.3 校准期月均径流量实测值和模拟值对比

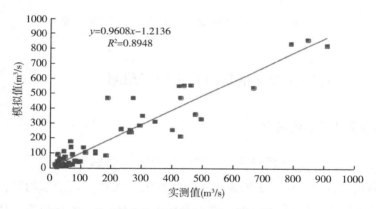

图 9.4 校准期月均径流量实测值和模拟值相关关系

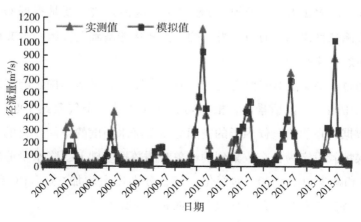

图 9.5 验证期月均径流量实测值和模拟值对比

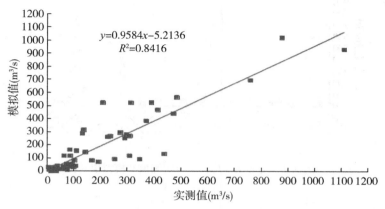

图 9.6　验证期月均径流量实测值和模拟值相关关系

9.1.4　考虑气候变化情景的未来径流预测

1. 气候变化情景的建立

目前，主要存在以下两种建立气候变化情景的方法：

（1）假定气候情景法。根据流域当前气候的变化特点及未来趋势，研究人员人为地将气温降低或升高若干度、降水量减少或增加适当的百分率，任意两两结合产生多种新的未来气候情景。

（2）基于 GCMs（大气环流模型）输出法。这种方法主要是根据 GCMs 的输出结果，在推测估计出未来有可能发生的气候变化的基础上，运用水文模型分析探讨区域的生态水文平衡。

由于通过 GCMs 法对气候变化进行估计预测会受许多不确定因素的影响，因此本研究采用假定气候情景法。根据阿克苏河流域 7 个气象站 1980—2013 年的实际观测数据，在忽略气候因子的空间分布及降水强度的空间变化的前提下，将未来的气候情景设定为：在收集到的气象观测数据基础上，降水量分别作出增加 20%、10% 和减少 10%、20% 的变化；气温分别作出增加 2℃、1℃ 和减少 1℃、2℃ 的变化。情景模拟共有 25 种组合，如表 9-6 所示。

表 9-6   不同气温和降水量情况下情景建立

		降水量变化				
		$P×(1+20\%)$	$P×(1+10\%)$	P	$P×(1-10\%)$	$P×(1-20\%)$
气温变化	$T+2℃$	S1	S2	S3	S4	S5
	$T+1℃$	S6	S7	S8	S9	S10
	T	S11	S12	S13	S14	S15
	$T-1℃$	S16	S17	S18	S19	S20
	$T-2℃$	S21	S22	S23	S24	S25

2. 气候变化情景下的未来径流预测

通过分别修改阿克苏河流域 7 个气象站点的气温及降水量两种基础数据，依次读入 SWAT 模型模拟并最终得到了 1980 年以来 34 年内的多年月均径流量、径流变化量及变化率，如表 9-7 所示。

表 9-7   不同气温和降水量情况下径流量模拟预测结果

			降水量变化				
			$P×(1+20\%)$	$P×(1+10\%)$	P	$P×(1-10\%)$	$P×(1-20\%)$
气温变化	径流量（m³/s）	$T+2℃$	176.40	153.90	129.93	107.14	86.04
		$T+1℃$	183.07	160.19	136.46	113.02	92.10
		T	187.87	164.81	141.29	118.20	97.36
		$T-1℃$	191.71	169.64	145.54	122.15	101.17
		$T-2℃$	194.06	173.72	148.65	125.22	104.45
	变化量（m³/s）	$T+2℃$	35.11	12.61	−11.36	−34.15	−55.25
		$T+1℃$	41.78	18.90	−4.83	−28.27	−49.19
		T	46.58	23.52	0.00	−23.09	−43.93
		$T-1℃$	50.42	28.35	4.25	−19.14	−40.12
		$T-2℃$	52.77	32.43	7.36	−16.07	−36.84

续表

		降水量变化				
		$P \times (1+20\%)$	$P \times (1+10\%)$	P	$P \times (1-10\%)$	$P \times (1-20\%)$
气温变化	变化率（%）	$T+2℃$	24.85	8.92	−8.04	−24.17	−39.10
		$T+1℃$	29.57	13.38	−3.42	−20.01	−34.81
		T	32.97	16.65	0.00	−16.34	−31.09
		$T-1℃$	35.69	20.07	3.01	−13.55	−28.40
		$T-2℃$	37.35	22.95	5.21	−11.37	−26.07

（1）径流量的变化受气候变化的影响显著，径流量与降水量之间表现为正相关性，随着降水量的逐渐增大，径流量呈现不断增大的趋势；径流量与气温之间呈表现为负相关性，随着气温的逐渐升高，径流量呈现慢慢减小的趋势。在维持气温 T 不变的基础上，随着降水量 P 增加 20%，径流量增加了 46.58m³/s，与初始值相比增加了 32.97%；随着降水量 P 减少 20%，径流量减少了 43.93m³/s，与初始值相比减少了 31.09%。在保持降水量 P 不变的前提下，随着气温 T 增加 2℃，径流量减少了 11.36m³/s，与初始值相比减少了 8.04%；随着气温 T 减少 2℃，径流量增加了 7.36m³/s，与初始值相比增加了 5.21%。

（2）相对于气温，径流量对降水量变化的敏感性更加强烈。在维持气温 T 不变的基础上，令降水量 P 分别增加和减少 20%，这时的径流量分别变化了 32.97% 和 −31.09%；在维持降水量 P 不变的基础上，令气温 T 分别增加和减少 2℃，这时的径流量分别变化了 −8.04% 和 5.21%。在降水量改变 20% 的基础上径流量产生的变化率是气温改变 2℃ 时径流量产生的变化率的 4~6 倍。由此可见，在未来气候变化中，降水量是引起流域径流量发生改变的关键因素，与之相比，气温对径流量的作用较小。

（3）降水量对径流量的影响与气温成反比，随着气温的不断升高而慢慢减小，随着气温的逐渐降低而不断增大。在降水量 P 增加 20% 的基础上，当气温 T 依次保持不变、降低 1℃、降低 2℃ 时，径流量的变化率分别为 32.97%、35.69% 和 37.35%；在降水量 P 增加 10% 的基础上，当气温 T 依次保持不变、降低 1℃、降低 2℃ 时，径流量的变化率分别为 16.65%、20.07% 和 22.95%；在维

持降水量 P 不变的基础上，当气温 T 依次保持不变、降低 1℃、降低 2℃ 时，径流量的变化率分别为 0%、3.01% 和 5.21%；在降水量 P 减少 10% 的基础上，当气温 T 依次保持不变、降低 1℃、降低 2℃ 时，径流量的变化率分别为 -16.34%、-13.55% 和 -11.37%；在降水量 P 减少 20% 的基础上，当气温 T 依次保持不变、降低 1℃、降低 2℃ 时，径流量的变化率分别为 -31.09%、-28.40% 和 -26.07%。在降水量 P 增加 20% 的基础上，当气温 T 依次保持不变、升高 1℃、升高 2℃ 时，径流量的变化率分别为 32.97%、29.57% 和 24.85%；在降水量 P 增加 10% 的基础上，当气温 T 保持不变、升高 1℃、升高 2℃ 时，径流量的变化率分别为 16.65%、13.38% 和 8.92%；在维持降水量 P 不变的基础上，当气温 T 依次保持不变、升高 1℃、升高 2℃ 时，径流量的变化率分别为 0%、-3.42% 和 -8.04%；在降水量 P 减少 10% 的基础上，当气温 T 依次保持不变、升高 1℃、升高 2℃ 时，径流量的变化率分别为 -16.34%、-20.01% 和 -24.17%；在降水量 P 减少 20% 的基础上，当气温 T 依次保持不变、升高 1℃、升高 2℃ 时，径流量的变化率分别为 -31.09%、-34.81% 和 -39.10%。由上述分析可知，降水量增加时，径流量受气温影响的变化幅度大于降水量减小时径流量受气温影响的变化幅度。

（4）气温对径流量的影响与降水量成正比，随着降水量的不断增大而慢慢增大，随着降水量的逐渐减小而不断减小。在气温 T 升高 2℃ 的情景下，当降水量 P 依次保持不变、增加 10%、增加 20% 时，径流量的变化率分别为 -8.04%、8.92% 和 24.85%；在气温 T 升高 1℃ 的情景下，当降水量 P 依次保持不变、增加 10%、增加 20% 时，径流量的变化率分别为 -3.42%、13.38% 和 29.57%；在气温 T 保持不变的情景下，当降水量 P 依次保持不变、增加 10%、增加 20% 时，径流量的变化率分别为 0%、16.65% 和 32.97%；在气温 T 降低 1℃ 的情景下，当降水量 P 依次保持不变、增加 10%、增加 20% 时，径流量的变化率分别为 3.01%、20.07% 和 35.69%；在气温 T 降低 2℃ 的情景下，当降水量 P 依次保持不变、增加 10%、增加 20% 时，径流量的变化率分别为 5.21%、22.95% 和 37.35%。在气温 T 升高 2℃ 的情景下，当降水量 P 依次保持不变、减少 10%、减少 20% 时，径流量的变化率分别为 -8.04%、-24.17% 和 -39.10%；在气温 T 升高 1℃ 的情景下，当降水量 P 依次保持不变、减少 10%、减少 20% 时，径流量的变化率分别为-3.42%、-20.01%和-34.81%；在气温 T 保持不变的情景下，当降水量 P 依次保持不变、减少 10%、减少 20%时，径流量的变化率分别为 0%、-16.34%和-31.09%；在气温 T 降低 1℃ 的情景下，当降水量 P 依次保持不变、减少 10%、减少 20%时，径流量的变化率分别为 3.01%、-13.55%和 -28.40%；在气温 T 降低 2℃ 的情景下，当降水量 P 依次保持不变、减少 10%、减少 20%时，径流量的变化率分别为 5.21%、-11.37%和-26.07%。由上述分析可知，气温降低时，径流量受降水量影响的变化幅度大于气温升高时径流量受降水量影响的变化幅度。

（5）基于不同的气候情景，流域径流量发生的变化各不相同，并且有着显著的差异。在本研究建立的 25 种气候变化中，径流增加幅度最明显的是组合 S21，即气温降低 2℃、降水量增加 20%的情景，径流模拟结果增加了 52.77m³/s，与初始值相比增加了 37.35%，这是对阿克苏河流域径流量增加最有利的气候情景。径流减少幅度最明显的是组合 S5，即气温升高 2℃，降水量减少 20%的情景，模拟径流量减少了 55.25m³/s，与初始值相比减少了 39.1%，这是对阿克苏河流域径流量增加最不利的气候情景。由此可见，尽可能地提高气候变化预测模拟的正确性对于研究流域径流量的变化及生态水文平衡至关重要。

9.2　绿洲适宜规模及耗水分析

9.2.1　绿洲土地利用变化分析

利用遥感技术，采用 1980 年、1990 年、2000 年和 2008 年四期遥感影像作为主要数据源，提取研究区 20 世纪 70—90 年代绿洲历史规模和 2008 年的现状规模，见图 9.7。在 ARCGIS10.1 支持下，结合干旱区特点，对土地资源分类系统进行合并处理，将研究区土地利用/覆被划分为 6 个类型，包括耕地、林地、草地、水域、居民用地和未利用地，生成 4 期土地利用图形数据与相应的属性数据见表 9-8。

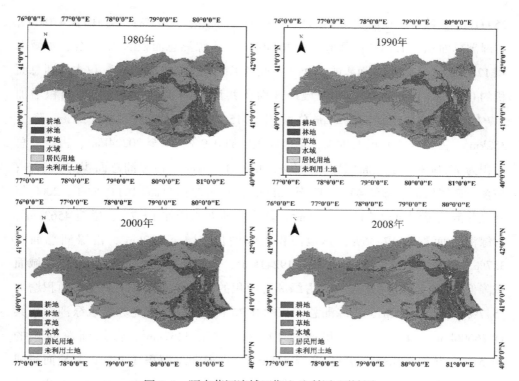

图 9.7 阿克苏河流域四期土地利用/覆被图

表 9-8 阿克苏河流域绿洲 1980 年、1990 年、2000 年和 2008 年规模统计

时间	类型	耕地	林地	草地	水体	居民点	绿洲总面积
1980 年	面积（km²）	3898	470	20049	1283	241	25941
	百分比（%）	15.03	1.81	77.29	4.95	0.93	100.00
1990 年	面积（km²）	4121	352	20224	1410	138	26245
	百分比（%）	15.70	1.34	77.06	5.37	0.53	100.00
2000 年	面积（km²）	4563	972	19241	1301	201	26278
	百分比（%）	17.36	3.70	73.22	4.95	0.76	100.00
2008 年	面积（km²）	5457	885	18739	1312	213	26606
	百分比（%）	20.51	3.33	70.43	4.93	0.80	100.00

结合图 9.7 和表 9-8 可以看出，1980 年阿克苏河流域绿洲面积共计

25941km²，其中耕地面积 3898km²，占绿洲总面积的 15.03%；林地面积 470km²，占绿洲总面积的 1.81%；草地面积 20049km²，占绿洲总面积的 77.29%；水域面积 1283km²，占绿洲总面积的 4.95%；城乡工矿居民面积 241km²，仅占绿洲总面积的 0.93%。1990 年阿克苏流域绿洲面积共计 26245km²，其中耕地面积增加 5.7%，增至 4121km²，占绿洲总面积的 15.7%；林地面积减小 25%，降至 352km²，占绿洲总面积 1.34%；草地面积增加 0.9%，增至 20224km²，占绿洲总面积为 77.06%；水域面积增加 9.9%，增至 1410km²，占绿洲总面积的 5.37%；城乡工矿居民面积降低 43%，降至 138km²，仅占绿洲总面积的 0.53%。2000 年阿克苏流域绿洲面积共计 26278km²，其中耕地面积增加 10.7%，增至 4563km²，占绿洲总面积的 17.36%；林地面积大幅增加，增至 972km²，占绿洲总面积 3.7%；草地面积减少 4.9%，降至 19241km²，占绿洲总面积为 73.22%；水域面积降低 7.7%，降至 1301km²，占绿洲总面积的 4.95%；城乡工矿居民面积增加 45.7%，增至 201km²，占绿洲总面积的 0.76%。2008 年阿克苏流域绿洲面积共计 26606km²，其中耕地面积增加 19.6%，增至 5457km²，占绿洲总面积的 20.51%；林地面积减少 9%，降至 885km²，占绿洲总面积 3.33%；草地面积减少 2.6%，降至 18739km²，占绿洲总面积为 70.43%；水域面积基本无变化；城乡工矿居民面积增加 6%，增至 213km²，占绿洲总面积的 0.8%。

从以上数据可以看出，阿克苏河流域绿洲草地占了绿洲面积的绝大部分，其次是耕地，居民用地和林地面积最小。且 50 年来耕地面积不断增加，草地面积逐渐减少，绿洲总面积也持续扩张。

9.2.2　绿洲耗水计算分析

将阿克苏河流域绿洲作为一个整体，对进入、流出该区域的水量与区域内消耗的水量进行综合平衡计算，平衡过程见图 9.8，平衡结果见表 9-9。从图 9.8 可以看出，阿克苏河流域来水为降雨及两大支流托什干河和库玛拉克河的上游冰雪融水，经测站 1 和测站 2 实测得到。由于阿克苏河流域气候干旱，降雨极度稀少，对流域水资源贡献很低，因此不纳入考虑。阿克苏河下泄到塔里木河的水量由阿克苏河下游的测站 3 实测得到。来水量减去下泄量即为流域的耗水总量，其中包括绿洲居民的生活用水、生产用水、生态用水、农业灌溉用水以及流域蒸散发和下渗、管道渗漏等损失。

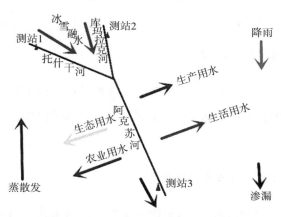

图9.8 阿克苏河流域绿洲耗水示意图

表9-9 阿克苏河流域绿洲耗水统计表 （单位：10^8m^3）

年份	流域来水	生产用水	生活用水	农业用水	生态用水	下泄水	渗漏
1970年	82.76	1.39	1.25	37.28	8.65	32.47	1.72
1980年	83.84	3.52	1.87	38.3	8.65	30.55	0.95
1990年	100.05	5.74	2.36	51.07	8.65	31.98	0.65
2000—2010年	111.53	6.1	2.69	66.19	8.65	27.36	0.54

由表9-9可以看出，在20世纪，阿克苏河流域绿洲在70年代耗水总量为50.29×10^8m^3。其中绿洲农业用水总量为37.28×10^8m^3，生活用水总量为1.25×10^8m^3、生产耗水总量为1.39×10^8m^3，生态耗水总量为8.65×10^8m^3，下渗、渗漏等损失水量为1.72×10^8m^3。绿洲80年代耗水总量为53.09×10^8m^3。其中绿洲农业用水总量为38.3×10^8m^3，生活用水总量为1.87×10^8m^3、生产耗水总量为3.52×10^8m^3，生态耗水总量为8.65×10^8m^3，下渗、渗漏等损失水量为0.95×10^8m^3。绿洲90年代耗水总量为68.37×10^8m^3。其中绿洲农业用水总量为51.07×10^8m^3，生活用水总量为2.36×10^8m^3、生产耗水总量为5.74×10^8m^3，生态耗水总量为8.65×10^8m^3，下渗、渗漏等损失水量为0.65×10^8m^3。绿洲21世纪初耗水总量为

$84.17 \times 10^8 \mathrm{m}^3$。其中绿洲农业用水总量为 $66.19 \times 10^8 \mathrm{m}^3$，生活用水总量为 $2.69 \times 10^8 \mathrm{m}^3$、生产耗水总量为 $6.1 \times 10^8 \mathrm{m}^3$，生态耗水总量为 $8.65 \times 10^8 \mathrm{m}^3$，下渗、渗漏等损失水量为 $0.54 \times 10^8 \mathrm{m}^3$。

9.2.3　绿洲稳定性分析

绿洲稳定性是干旱区演化过程中形成的自然景观，是干旱区绿洲与环境相互作用、不断完善的过程。借助阿克苏流域绿洲实际面积的计算，分析其 20 世纪 60 年代以来的绿洲稳定性情况。

1. 绿洲年均可利用地表水资源量 W

阿克苏流域绿洲可利用地表水资源量主要来源为上游的两大支流托什干河和库玛拉克河。本书结合托什干河和库玛拉克河近 50 年的径流数据得出阿克苏河流域绿洲可利用地表水资源量变化，见表 9-10。为了保持塔河下游生态的健康和稳定，将稳定下泄水量定为 $31 \times 10^8 \mathrm{m}^3$，则绿洲可利用地表水资源量即为来水总量和稳定下泄水量之差。

表 9-10　　　　　　　　　　**阿克苏河流域水量变化**　　　　　　（单位：$10^8 \mathrm{m}^3$）

阶段	托什干河来水量	库玛拉克河来水量	总来水量
1960—1969 年	32.08	52.89	84.966
1970—1979 年	29.75	53.01	82.762
1980—1989 年	28.90	54.94	83.841
1990—1999 年	36.23	63.81	100.046
2000—2010 年	42.86	68.67	111.53
多年平均	33.96	58.67	92.629

2. 绿洲年内降水量 r

阿克苏流域绿洲区气候干旱，降雨稀少，50 年来只有 77mm。根据气象站 1960—2010 年降水资料，得出阿克苏河流域绿洲区 20 世纪 1960—1969 年、

1970—1979 年、1980—1989 年、1990—1999 年和 2000—2010 年的 r 分别为 57.8mm、72.9mm、63.8mm、89.2mm、92.1mm。

3. 绿洲工业生产和居民生活需水量 W_1

根据新疆年鉴公布的不同时期的绿洲人畜总量及工业生产总值,通过定额法计算得到阿克苏河流域绿洲工业生产生活耗水量,见表 9-11。

表 9-11　　　　　　　　绿洲区工业生产生活耗水量　　　　　（单位：10^8m^3）

时间	1960—1969	1970—1979	1980—1989	1990—1999	2000—2010
居民生活年均用水	0.312	0.357	0.324	0.318	0.356
牲畜饲养年均用水	0.062	0.086	0.059	0.048	0.044
工业生产年均用水	0.002	0.005	0.021	0.027	0.027
生产生活耗水量 W_1	0.376	0.448	0.404	0.393	0.427

综合以上数据计算阿克苏河流域天然绿洲各个时期的稳定性评价指标 H_0,进行绿洲稳定性分析,结果见表 9-12。

表 9-12　　　　　　　阿克苏河流域天然绿洲稳定性评价

时间	1960—1969	1970—1979	1980—1989	1990—1999	2000—2010
H_0	0.44	0.39	0.33	0.41	0.44
稳定性评价	不稳定	不稳定	不稳定	不稳定	不稳定

从表 9-12 中可以看出,阿克苏河流域天然绿洲水热平衡系数长期小于 0.5,绿洲健康状态长期不稳定,并呈现出 20 世纪 60 至 80 年代稳定性下降、80 年代至 21 世纪初稳定性增加的变化趋势。

9.2.4 绿洲适宜规模分析

适宜绿洲规模是指在现有的来水条件下可以承载的最大绿洲面积,适宜绿洲的概念包括适宜天然绿洲和适宜人工绿洲。适宜天然绿洲面积包含耕地、林地、草地、水域和城乡居民用地面积，即除裸地以外的全部用地，适宜人工绿洲面积包括耕地和城乡居民用地面积。根据已有的参数计算成果，计算阿克苏河流域绿洲适宜面积见表 9-13，并将计算结果与实际面积相对比，比较结果见图 9.9。

表 9-13　　　　　　　　　阿克苏河流域绿洲各时期规模统计

时间	来水量 （$10^8 m^3$）	绿洲适宜面积（$10^4 km^2$）		绿洲实际面积（$10^4 km^2$）		
		天然绿洲 面积	人工绿洲 面积	天然绿洲 面积	人工绿洲 面积	人工绿洲 面积超额
1970s	82.76	1.14	0.34	2.59	0.39	0.05
1980s	83.84	1.17	0.35	2.62	0.41	0.06
1990s	100.05	1.25	0.38	2.63	0.46	0.08
2000—2010	111.53	1.37	0.41	2.66	0.55	0.14

从表 9-13 可以看出，20 世纪 70 年代，阿克苏河流域上游来水为 $82.76 \times 10^8 m^3$，天然绿洲适宜规模为 $1.14 \times 10^4 km^2$，人工绿洲适宜面积为 $0.34 \times 10^4 km^2$；而阿克苏天然绿洲实际规模为 $2.59 \times 10^4 km^2$，几乎是适宜规模的 2 倍，实际人工绿洲面积为 $0.39 \times 10^4 km^2$，超过了人工绿洲适宜面积。20 世纪 80 年代，阿克苏河流域上游来水为 $83.84 \times 10^8 m^3$，天然绿洲适宜规模为 $1.17 \times 10^4 km^2$，人工绿洲适宜面积为 $0.35 \times 10^4 km^2$；而阿克苏天然绿洲实际规模为 $2.62 \times 10^4 km^2$，远远超过了绿洲的适宜规模，实际人工绿洲面积为 $0.41 \times 10^4 km^2$，也超过了人工绿洲适宜面积。20 世纪 90 年代，阿克苏河流域上游来水为 $100.05 \times 10^8 m^3$，天然绿洲适宜规模为 $1.25 \times 10^4 km^2$，人工绿洲适宜面积为 $0.38 \times 10^4 km^2$；而阿克苏天然绿洲实际规模为 $2.63 \times 10^4 km^2$，远大于绿洲的适宜规模，实际人工绿洲面积为 $0.46 \times 10^4 km^2$，大于人工绿洲适宜面积。2000—2010 年间，阿克苏河流域上游来水为 $111.53 \times 10^8 m^3$，天然绿洲适宜规模为 $1.37 \times 10^4 km^2$，人工绿洲适宜面积为 $0.41 \times 10^4 km^2$；而阿克苏天然绿洲实际规模为 $2.66 \times 10^4 km^2$，大于绿洲的适宜规模 37.11%，实际人工绿洲面积为 $0.55 \times 10^4 km^2$，大幅度超过了人工绿洲适宜面积。

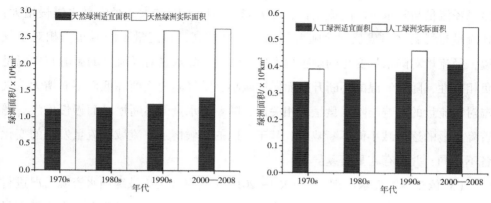

图 9.9 天然/人工绿洲适宜面积与实际面积

由于水资源的长期短缺与耕地面积的持续增加,绿洲实际面积远大于绿洲适宜面积,绿洲内部的稳定结构已受到破坏,阿克苏河流域绿洲长期处于退化的不稳定状态。阿克苏绿洲耕地的灌溉模式十分落后,耗水量巨大,严重违背了绿洲可持续发展的耗水需求,更加制约了绿洲生态面积的发展和维护。因此,为了保证绿洲整体的健康和稳定,必须及时改革灌溉模式,合理安排种植种类,及时退耕还林还草,限制耕地规模,控制耕地用水量。同时应适度收缩人工绿洲规模,合理安排生产生活用水,多管齐下保证下游生态用水量。

9.3 小 结

(1)通过 SWAT-CUP 程序,采用阿克苏河流域阿拉尔水文站 2000—2006 年实测月均径流数据校准模型,选择 2007—2013 年实测月均径流数据验证模型。结果发现,校准期和验证期的决定性系数 R^2 分别为 0.89 和 0.84,效率系数 NSE 分别为 0.89 和 0.82,相对误差 R_E 分别为 -4.75% 和 -7.98%,对比确定性系数评价等级可知为乙等,表明模拟十分理想,验证了 SWAT 模型在阿克苏河流域具有良好的适用性。

(2)在阿克苏河流域 7 个气象站 1972—2014 年资料的基础上,建立 25 种不同的气候情景并进行模拟,对比探讨气温和降水量两种气候因素的变化在径流水文平衡方面的作用,得出以下结论:流域径流量的变化受气候变化的影响最为明显。径流量与降水量之间成正比，随着降水量的不断增大，径流量也慢慢增大；径流量与气温之间成反比，随着气温的逐渐升高，径流量不断减小。相对于气温，径流量对降水量变化的敏感程度更加强烈。降水量对径流量的影响与气温呈负相关性，随着气温的不断升高而慢慢减小，随气温的逐渐降低而不断增大。气温对径流量的影响与降水量呈正相关性，随着降水量的不断增大而慢慢增大，随着降水量的逐渐减小而不断减小。基于不同的气候情景，流域径流量发生的变化各不相同，并且存在显著差异。

（3）依据绿洲耗水原理，对 1960—2010 年阿克苏河流域绿洲水资源情况进行统计计算，阿克苏流域绿洲农业用水总量为 $44.92\times10^8\text{m}^3$，绿洲生活生产耗水量为 $0.8\times10^8\text{m}^3$，绿洲生态耗水量为 $8.65\times10^8\text{m}^3$，绿洲总耗水量共计 $54.37\times10^8\text{m}^3$。

（4）结合水热平衡原理对阿克苏河流域天然绿洲适宜规模和人工绿洲适宜面积进行探究。计算结果表明，当前来水条件下，阿克苏河流域天然绿洲适宜规模约为 $1.37\times10^4\text{km}^2$，人工绿洲适宜面积约为 $0.41\times10^4\text{km}^2$。各研究时段内阿克苏河流域天然绿洲水热平衡系数均小于 0.5，绿洲长期处于不稳定状态，绿洲实际面积远大于绿洲适宜面积。

第10章 绿洲水资源优化配置研究

10.1 绿洲需水预测

针对 GM(1,1)模型特点，选择 1998—2013 年(16 年)社会经济统计数据，分别建立各个自变量的灰色 GM(1,1)模型。

10.1.1 生活需水量预测

结合阿克苏河灌区实际情况，根据阿克苏河灌区社会经济统计数据，阿克苏河流域 2013 年总人口为 245.76 万人，其中农村人口有 88.11 万人，占总人口的 35.85%，城镇人口为 157.65 万人，占总人口的 64.15%。如图 10.1 所示。

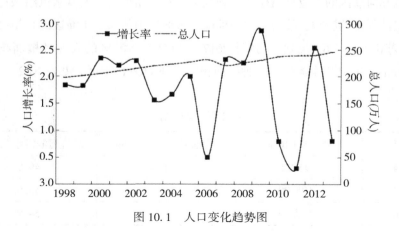

图 10.1 人口变化趋势图

人口预测采用灰色预测法，根据灰色预测 GM（1，1）模型计算公式，在 Matlab 软件中求得 $a=-0.0125$，$u=201.7081$，则总人口增长的灰色预测模型为：

$$\hat{x}^{(0)}(k) = (1 - e^{-0.0125})\left[x(0)^{(1)} + \frac{201.7081}{0.0125}\right]e^{0.0125(k-1)}, \quad k = 2, 3, \cdots, N$$

生活需水一般按人均定额来计算，参考建设部"新疆城市居民生活用水标准"及《阿克苏市"十二五"规划》对 2017 年、2020 年生活需水进行预测；居民生活用水定额，现状年为 100L/（人·d），拟定 2017 年，2020 年的用水定额分别为 105L/（人·d）、110L/（人·d）。计算生活需水量见表 10-1。

表 10-1　　　　　　　　　　　　　　　　　　生活需水预测值

年份	人口（万人）	用水定额[L/（人·d）]	需水量（10^8m^3）
2014	245.76	100	0.36
2017	254.01	105	0.40
2020	260.43	110	0.44

10.1.2　农业生产需水预测

阿克苏河灌区的农业生产主要是以发展种植业为主的农业发展模式，种植业是整个灌区的主要耗水单位，因此本研究按照种植业需水来近似代替农业生产需水量。阿克苏河灌区的农业种植模式受到政策，农产品价格，灌溉水供给条件等一系列不确定性因素的影响，故很难用一种模型来准确预估未来年灌区的种植结构，参照《阿克苏市"十二五"规划》，预计 2017 年阿克苏河灌区的农业种植面积将达到 $105 \times 10^4 \text{hm}^2$，2020 年全灌区农业种植面积将达到 $110 \times 10^4 \text{hm}^2$。见表 10-2。

表 10-2　　　　　　　　　　　　　　　　　　农业需水需水值

水平年	灌溉面积（10^4hm^2）	综合灌溉定额（m^3/hm^2）	综合灌溉需水（10^8m^3）
2014	96.92	5150	49.91
2017	105.00	5050	53.03
2020	110.00	4995	54.95

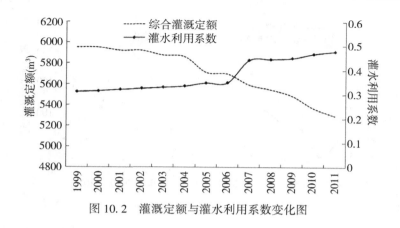

图 10.2　灌溉定额与灌水利用系数变化图

对灌区 1999 年以来灌水综合灌溉定额及灌溉水利用系数加以分析。如图 10.2 所示，自 1999 年以来，灌区灌溉用水综合灌溉定额呈现出逐年降低的变化趋势，由 1999 年的 5955m³/hm² 逐年降低至 2011 年的 5295m³/hm²，到 2014 年整个灌区的综合灌溉定额为 5150m³/hm²，预计到 2017 年整个灌区的综合灌溉定额将降低至 5050m³/hm²，2020 年全灌区的综合灌溉定额将降至 4995m³/hm²。随着灌区内水利设施的不断完善，灌区内灌溉水利用系数也在不断提高。

10.1.3　第二产业需水预测

工业生产需水按万元产值用水量进行估算，而工业产值采取灰色预测模型 GM(1,1) 来进行预测。2013 年，阿克苏河灌区第二产业总产值 218.34 亿元，与农业产值几乎持平。图 10.3 所示为阿克苏市近 16 年(1998—2013 年)第二产业增长变化图。

工业生产需水按工业万元总产值所消耗水量的平均定额进行估算，计算公式如下：

$$W_i = X_i Q_i$$

式中，W_i 表示第 i 年工业需水量(m³)；Q_i 表示工业万元总产值所消耗的水量；X_i 表示第 i 年工业的生产总值。

工业生产总值采用灰色预测法，根据灰色预测 GM(1,1)模型计算公式，在 Matlab 软件中求得 $a = -0.2070$，$u = 6.0583$，则阿克苏地区工业生产总值的灰色预测 GM(1,1)模型为：

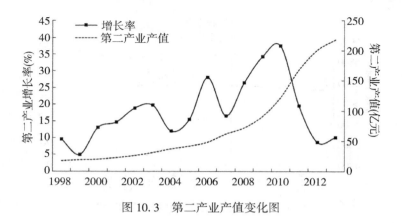

图 10.3　第二产业产值变化图

$$\hat{x}^{(0)}(k) = (1 - e^{-0.2070})\left[x(0)^{(1)} + \frac{6.0583}{0.2070}\right]e^{0.2070(k-1)}, \quad k = 2, 3, \cdots, N$$

参照新疆"十二五"规划及阿克苏地区近期规划，综合考虑工业节水措施不断提高，新技术设备不断投入等相关因素，预测 2014 年阿克苏地区的工业生产总值为 240.34 亿元，预测 2017 年工业生产总值达 363.51 亿元，到 2020 年地区工业生产总值将达 447.09 亿元。见表 10-3。

表 10-3　　　　　　　　　　　第二产业需水预测值

水平年	工业生产总值(亿元)	需水量($10^8 m^3$)
2014	240.34	1.32
2017	363.51	1.82
2020	447.09	2.01

10.1.4　第三产业需水预测

第三产业主要是指商业、饮食业、交通运输业、仓储业、邮电通信业、地质勘查、水利管理、金融保险、房地产、卫生、科研、文艺、社会团体和国家行政机关及其他服务业。阿克苏河灌区第三产业的增长模式也符合灰色预测法模型的范围，第三产业生产总值变化趋势图如图 10.4 所示。

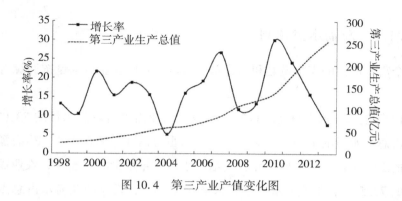

图 10.4　第三产业产值变化图

根据统计数据，采用灰色预测 GM(1，1)模型计算公式，在 Matlab 软件中求得 $a=-0.1708$，$u=15.2528$，则第三产业生产总值增长的灰色预测模型为：

$$\hat{x}^{(0)}(k) = (1-\mathrm{e}^{-0.1708})\left[x(0)^{(1)} + \frac{15.2528}{0.1708}\right]\mathrm{e}^{0.1708(k-1)}, \quad k=2,3,\cdots,N$$

10.1.5　生态需水预测

广义的生态用水，是指用于维持地球生态系统水分平衡所需用的水，包括水热平衡、水沙平衡、水盐平衡等。狭义的生态用水，是指用于维护生态环境不再恶化并能逐渐改善所需要消耗的水的总量，包括保护和恢复陆地天然植被及生态环境的用水。根据上述定义，结合研究区的实际情况，本研究认为灌区内的生态需水主要包括城镇绿化生态需水、农田防护林需水、天然牧草需水和天然胡杨林需水。其中，农田防护林的需水可以规划农田灌溉用水当中。阿克苏河灌区内现已实施严格的垦荒管理制度，严禁破坏和占用天然林地，畜牧业由于得到政策的支持、牧草地的面积将以会得到增加，增加面积借鉴流域志中的灌区规划。需水量采用面积定额法进行计算，预测结果见表 10-4。

表 10-4　　　　　　　　　　生态需水量预测值

水平年	林地面积（hm²）	牧草地面积（hm²）	城镇绿化面积（hm²）	需水量（$10^8\mathrm{m}^3$）
2014	325500	33020	8300	16.38
2017	330000	35000	10000	17.42
2020	336000	39000	12500	18.22

10.1.6 总需水量预测

各个需水部门的需水量之和即为总需水量。其中农业需水量按照综合灌溉定额计算。

2014 年生活需水占总需水量的 0.52%，农业需水占总需水量的 73.07%，工业需水占总需水量的 1.93%，第三产业需水占总需水量的 0.48%，生态需水占总需水量的 23.98%；预计 2017 年，生活需水占总蓄水量的 0.55%，农业需水占总需水量的 72.55%，工业需水占总需水量的 2.49%，第三产业需水占总需水量的 0.57%，生态需水占总需水量的 23.83%；预计到 2020 年，生活需水将占总需水量的 0.58%，农业需水将占总需水量的 72.55%，工业需水将占总需水量的 2.64%，第三产业需水将占总需水量的 0.60%，生态需水将占总需水量的 23.95%。

表 10-5 需水总量预测汇总 （单位：$10^8 m^3$）

水平年	生活需水	农业需水	工业需水	第三产业需水	生态需水	合计
2014	0.36	49.91	1.32	0.33	16.38	68.30
2017	0.40	53.03	1.82	0.42	17.42	73.09
2020	0.44	54.95	2.01	0.46	18.22	76.08

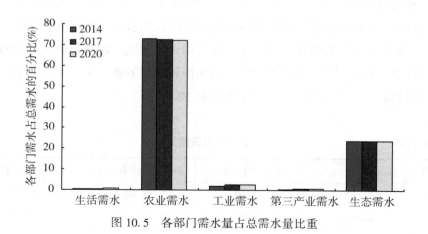

图 10.5 各部门需水量占总需水量比重

10.2 灌溉水资源承载力评价

水资源承载力一般定义为天然水资源数量的开发利用极限，它与"可持续利用水量""水资源生态限度""水资源自然系统极限"等概念大致相同。本研究所重点关注的是农业水资源承载力，它是指一定经济、技术和社会条件下，水资源能供给农业生产和生态环境用水的最大供水能力。

10.2.1 指标选取与分级

参考相关学者对新疆水资源评价时所构建的指标体系，考虑到灌区内各地区农业用水的实际情况，采用以下原则来进行指标权重的选取：

（1）本地化原则。所选取的指标体系必须适应本地区经济发展的特点及水情。对于整个阿克苏河灌区而言，最大的水情就是农业缺水，因此需要选择能够反映农业用水状况的评价因素。

（2）动态与静态相结合的原则。所选指标既要能够反映系统的状态指标，又能够突出系统的发展过程。

（3）定性与定量相结合的原则。所选择的指标尽量为可量化的指标，不能量化的指标采用定性的方法描述。

（4）可比性原则。指标均为有国际化的计量单位、概念，以及明确的计算方法，方便比较。

（5）可操作性原则。选取指标时，最重要的是要考虑到资料获取的现实性，评价指标要具有简明，方便和可操作性。

根据上述原则和本研究的实际情况选取以下指标来进行灌区农业水资源承载力的评价：

①耕地灌溉率：实际灌溉面积/总的耕地面积；

②水资源利用率：可供水量/可利用水资源总量；

③农业水资源利用率：农业供水量/可利用水资源总量；

④地表水资源开发程度：地表水供水量/地表水资源可利用量；

⑤地下水资源开发程度：地下水供水量/地下水资源可开采量；

⑥供水量模数：农业供水量/绿洲面积；

⑦需水量模数：农业需水量/绿洲面积；

⑧灌溉用水指标：单位面积农田（这里指每公顷农田）的平均灌水量；

⑨渠系水利用系数：灌溉渠系的净流量/毛流量。它是反映灌区各级渠道的运行状况和管理水平的综合性指标。

上述各项指标均可通过相关计算以及参考《塔里木河流域阿克苏管理志（2005—2014）》确定各指标的值。见表 10-6。

表 10-6　　　　　　　　　　　综合评价指标分级表

评价因素	L1	L2	L3	L4	L5
耕地灌溉率(%)	95	85	70	55	43
水资源利用率(%)	81.35	69.73	58.14	46.49	34.88
农业水资源利用率(%)	75.13	64.4	53.67	42.93	32.2
地表水资源开发程度(%)	95.44	81.81	68.17	54.54	40.9
地下水资源开发程度(%)	31.95	27.39	22.83	18.26	13.7
供水量模数($10^4 m^3/km^2$)	100	85	75	50	45
需水量模数($10^4 m^3/km^2$)	100	85	75	50	45
灌溉用水指标(m^3/hm^2)	5291	7388	8885	10582	12582
渠系水利用系数	0.7	0.6	0.5	0.4	0.3
评分数	0.05	0.25	0.5	0.75	0.95

依据各指标目前新疆的平均水平，并以其为临界值上下浮动，将上述各评价因子分为五个等级：L1 表示状况很差，灌溉面积超过承载力，农业用水出现严重短缺；L2 表示状况较差，灌溉面积达到饱和，继续增大灌溉面积将会致使灌溉水量不足问题；L4 表示该地区的灌溉面积已经达到一定规模，但具有一定的开发潜力；L5 表示现有的水资源下，该地区的灌溉面积存在较大的发展空间。L3 是介于 L2 和 L4 的临界值，高于这个水平水资源有剩余，低于这个水平水资源超出其承载力。

对 L1~L5 这五个等级进行 0~1 区间的评分（$a_1 = 0.05$，$a_1 = 0.25$，$a_1 = 0.50$，

$a_1 = 0.75$，$a_1 = 0.95$），以便能更好地反应各等级水资源承载力的情况，数值越高表示水资源开发容量的潜力越大。

10.2.2 权重的确定

采用层次分析法来确定各指标的权重。具体方法为，首先将各项指标两两进行比较，构造出比较判断矩阵，引入 1、3、5、7、9 及其倒数作为标度将判断定量化，通过数学运算即可得到各项指标相对于总目标的相对重要性权重值。

表 10-7   1～9 级判断矩阵标准度

标度	定义与说明
1	两个元素对某个属性具有相同重要性
3	两个元素比较，一元素比另一个元素稍微重要
5	两个元素比较，一元素比另一个元素明显重要
7	两个元素比较，一元素比另一个元素重要得多
9	两个元素比较，一元素比另一个元素极端重要
2, 4, 6, 8	表示需要取上述判断中值
b_{ij}	两个元素的反比较

判断矩阵满足：

$$\begin{cases} a_{ij} = 1 \\ a_{ji} = \dfrac{1}{a_{ij}} \end{cases} \quad (i, j = 1, 2, \cdots, n)$$

参考相关文献，结合灌区实际情况，构造判断矩阵，其中 X_1、X_2、X_3、X_4、X_5、X_6、X_7、X_8、X_9，分别代表耕地灌溉率、水资源利用率、农业水资源利用率、地表水资源开发程度、地下水资源开发程度、供水量模数、需水量模数、灌溉用水指标、渠系水利用系数；W 为各指标的权重。进行层次单排序，得到判断矩阵结果，见表 10-8。

表 10-8 指标判断矩阵

	X_1	X_2	X_3	X_4	X_5	X_6	X_7	X_8	X_9	W
X_1	1	2	1	2	2	1	1	1/2	1/2	0.11
X_2	1/2	1	1/2	1	1	1/2	1/2	1/3	1/3	0.06
X_3	1	2	1	2	2	1	1	1/2	1/2	0.11
X_4	1/2	1	1/2	1	1	1/2	1/2	1/3	1/3	0.06
X_5	1/2	1	1/2	1	1	1/2	1/2	1/3	1/3	0.06
X_6	1	2	1	2	2	1	1	1/2	1/2	0.11
X_7	1	2	1	2	2	1	1	1/2	1/2	0.11
X_8	2	3	2	3	3	2	2	1	1	0.20
X_9	2	3	2	3	3	2	2	1	1	0.20

10.2.3 综合评价结果

依据阿克苏河灌区的社会、经济、自然状况，以及阿克苏河灌区遥感影像的解译结果，参考《塔里木河流域阿克苏管理志(2005—2014)》，统计出阿克苏河灌区农业、水利的基本资料，得到阿克苏河灌区 2014 年各县水资源承载的指标定量化数据结果。见表 10-9。

表 10-9 农业水利综合评价因素指标

评价因素	乌什县	阿克苏市	温宿县	阿瓦提县	阿拉尔市
耕地灌溉率(%)	98.67	91.99	96.11	98.33	96.42
水资源利用率(%)	64.99	66.52	65.47	68.89	70.54
农业水资源利用率(%)	59.44	64.08	64.90	60.33	65.50
地表水资源开发程度(%)	60.41	59.82	61.31	62.68	64.14
地下水资源开发程度(%)	72.14	88.55	80.23	81.48	83.34
供水量模数($10^4 m^3/km^2$)	63.95	54.79	54.58	45.66	52.11
需水量模数($10^4 m^3/km^2$)	62.21	55.81	54.51	48.36	52.17
灌溉用水指标(m^3/hm^2)	7231.25	6362.5	6256.25	6600	6400
渠系水利用系数	0.68	0.62	0.64	0.65	0.72

综合评定时，按上述 a_j 的值以及 B 矩阵中各等级隶属度 b_j 值，按照下式分析计算：

$$a = \frac{\sum_{j=1}^{5} b_j^k a_j}{\sum_{j=1}^{5} b_j^k}$$

得到最终的评价结果见表 10-10。从综合评定的结果来看，灌区内各县的水资源承载力评分：沙雅县>阿瓦提县>阿克苏市>温宿县>乌什县>阿拉尔市。综合评分的分值越高说明开发潜力越大。从评价等级来看，阿克苏河灌区各县的评分等级均介于 L2～L3 之间，说明灌区内各县的灌溉面积已不能在扩大，灌区的农业用水已出现严重短缺，这与灌溉水资源供需平衡分析的结论相一致。虽然阿克苏河灌区在大力开采地下水来补足地表径流水资源的不足，但由于没有控制农业耕种的面积，尤其是以棉花为主的水浇地的面积还在继续增大，致使有限的水量无法承载如此大的农业种植规模，如果继续扩大农业耕作面积，加大对地下水资源的开采，势必会挤占生态用水，威胁到地区的生态安全，同时还会加剧灌区各县各部门之间对水资源的争夺，加剧社会的内部矛盾。

表 10-10   综合评定结果

评价因素	乌什县	阿克苏市	温宿县	阿瓦提县	阿拉尔市	权重
耕地灌溉率(%)	0.02	0.13	0.06	0.02	0.05	0.11
水资源利用率(%)	0.36	0.33	0.35	0.29	0.25	0.06
农业水资源利用(%)	0.38	0.28	0.26	0.36	0.25	0.11
地表水资源开发程度(%)	0.63	0.64	0.61	0.59	0.57	0.06
地下水资源开发程度(%)	0.01	0.01	0.01	0.01	0.01	0.06
供水量模($10^4 m^3/km^2$)	0.61	0.75	0.76	0.89	0.79	0.11
需水量模($10^4 m^3/km^2$)	0.64	0.74	0.76	0.85	0.79	0.11
灌溉用水指标(m^3/hm^2)	0.19	0.10	0.09	0.13	0.11	0.20
渠系水利用系数	0.08	0.21	0.16	0.16	0.04	0.20
综合评分	0.2950	0.3305	0.3118	0.3436	0.2871	

10.2.4　作物灌溉水量的优化配置

农业水资源的优化配置应遵循的原则有，有效性、高效性、公平性和可持续性原则。

（1）有效性原则。不仅仅为经济上的有效性，同时包括对社会和生态效益的有效性。在水资源优化配置时，要充分考察各个目标之间的竞争性与协调状况，达到真正意义上的有效性原则。

（2）高效性原则。水资源作为稀缺性自然资源，高效性原则是体现这一基本特征的基本要求，高效性原则主要体现在以下三个方面：①增加有效水资源量。通过各种工程和非工程的措施从而达到提高生活、生产、生态用水的有效利用程度，增加灌水、引水的直接利用率，加强水质污染的防治，同时减少在水资源输送转化过程中的无效蒸发，提倡一水多用及提高水资源的综合利用率；②采取分质供水措施。不同水质等级的水资源应按照水质要求的高低顺序依次用于生活、工业、农业及生态用水；③遵循市场规律及经济法则。在选择水资源开发利用的模式及节水、治污方法时，要以边际成本最小为原则，最大程度地使得开源、节流与保护措施之间的边际成本接近。

（3）公平性原则。该原则的核心是按各地区的缺水量进行水资源的分配，按供需间的缺口比率分水，体现公平原则，在配置中，以满足不同区间、区域内、时节上以及各作物间对水资源的合理分配利用为目标，在遵循有效、高效的原则下进行水资源的合理分配。

（4）可持续性原则。水资源合理配置的可持续性原则是不仅保证当代人有开发利用水资源的权利，还要保证使后代人同样收益。该原则要求在时间序列上的近期与远期之间、当代人与后代人之间对水资源的利用要遵循公平性原则和协调发展的原则，而非掠夺式的开采利用。为了实现水资源合理配置的可持续原则，区域的发展要适应当地的水资源数量及质量的客观条件，保障水资源循环过程中它的可再生能力。

灌溉引水量不足是制约干旱区和半干旱区农业快速发展的一项重要因素。在水资源总量一定的条件下，在灌溉饱和区间内，单位面积的灌溉引水量越大，单位面积的收益越高，超过此区间后，单位面积的灌溉水量与单位面积的产值呈负相关的关系，及单位面积灌水量越大，单位面积的收益越小。在有限的供水量水量下，为了协调灌溉面积与灌溉水量之间的这种关系，为使在粮食供应得到保障的前提下，以经济效益最大为目标，根据作物的需水特点，合理分配水量。

经济目标：区域供水产生的经济效益最大。

$$\max Z = \max[f_1(x_1) + f_2(x_2) + f_3(x_3) + f_4(x_4) + f_5(x_5)]$$

约束条件：

①可供水量约束：各分区所用水量之和不能超过农业可用总水量 W。即：

$$x_1 + x_2 + x_3 + x_4 + x_5 \leqslant W$$

②需水能力约束： $\qquad D_{imin} \leqslant x_i \leqslant D_{imax}$

③变量非负约束： $\qquad x_i > 0$

将上述目标函数和约束条件组合在一起就构成了阿克苏地区水资源优化配置的模型。该模型是一个多目标用户的水资源优化配置模型。可以拆解为如下：

$$F(x) = \text{opt}\{f_1(x_1), f_2(x_2), \cdots, f_i(x_i)\}$$

式中，Z 为水资源配置综合效益；x 为规划决策变量，非负；$f_1(x)$ 为第一个分区灌溉用水效益目标，$f_i(x_i)$ 为第 i 分区灌溉用水效益目标。

1. 建立作物需水量-产量目标函数

生产函数是指一定时间一定技术水平条件下，生产过程中所使用的生产要素数量与所能产生的最大生产量之间的依存关系。在用水效益函数当中，可以把水量作为各用水部门的生产要素，把用水效益作为产量，使用生产函数的理论来分析用水量与用水函数之间的关系。该理论的核心是，一定范围内，产量会随着生产要素的增大而增大，但边际产量会随之减少；当生产要素增大到一定程度的时候，产量反而会减少。

灌水的边际效益是指在其他条件不变的情况下，单位水量给生产带来的产值增加量，边际值 M_c 是边际曲线函数的导数。用公式表示为：

$$M_c = (\Delta Y/\Delta I) \times P_Y = (\text{d}Y/\text{d}I) \times P_Y$$

式中，M_c 为边际效益；ΔY 为产量的变化；ΔI 为灌水量的变化；P_Y 为作物产量的单价。

参考相关研究成果，根据我国西北地区作物产量与作物需水的生产效益关系，初步确定阿克苏河灌区主要作物的需水量-产量模型。

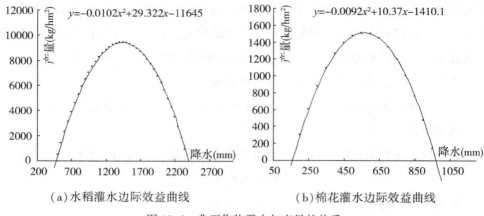

（a）水稻灌水边际效益曲线　　　　　　（b）棉花灌水边际效益曲线

图 10.6　典型作物需水与产量的关系

2. 建立作物需水量-灌溉效益模型

（1）阶段变量：以每种农作物为一个阶段，则 $k=1,2,3,4,5,6,7,8,9$；

（2）状态变量：状态变量为每种作物可用于可分配的总水量；

（3）决策变量：决策变量为实际分配给每种作物的水量；

（4）目标函数：以各种作物效益之和 G 最大为目标：

$$G = \max\left\{ \sum F(Q_{(k)}) \cdot B_{(k)} \cdot R_{(k)} \right\}$$

式中，$F(Q_{(k)})$ 为第 k 种作物的相对产量；$B_{(k)}$ 为第 k 种作物种植面积；$R_{(k)}$ 为第 k 种作物单位产量净收益。

（5）约束条件：

①供给各农业种植作物的水量之和不超过灌区可供灌溉的农业总水量 V_{i0}。即：

$$0 \leqslant \sum Q_{ik} \leqslant V_{i0}$$

式中，V_{i0} 为子灌区可供灌溉的农业总水量。

②供给第 i 种作物的水量 x_i 不超过该作物达到最大产量时的灌溉水量 q_i。即：

$$0 \leqslant x_i \leqslant q_i$$

式中，q_i 为第 i 种作物达到最大产量时的灌溉水量。

表 10-11　　　　　　　西北地区作物平均需水量和产量的关系

作物	关系式	$-b/(2a)$（mm）
水稻	$Y_1 = -0.0102Q_1^2 + 29.332Q_1 - 11645$	1437.843
棉花	$Y_2 = -0.0092Q_2^2 + 10.37Q_2 - 1410.1$	563.587
土豆	$Y_3 = -0.5592Q_2^2 + 413.05Q_2 - 49319$	369.3222
小麦	$Y_4 = -0.0878Q_4^2 + 94.588Q_4 - 17124$	538.656
玉米	$Y_5 = -0.1091Q_5^2 + 117.86Q_5 - 25898$	540.1467
核桃	$Y_6 = -0.0523Q_6^2 + 64.985Q_6 - 13660$	621.27
苹果	$Y_7 = -0.7597Q_7^2 + 913.83Q_7 - 224930$	601.4
葡萄	$Y_8 = -0.0259Q_8^2 + 74.419Q_8 - 27788$	1436.66
枣	$Y_9 = -0.0131Q_9^2 + 22.13Q_9 - 1635$	844.6565

3. 多目标模型求解

上述模型是一个多目标的约束优化问题，在 MATLAB 中的优化工具箱（Optimization Toolbox）中有一系列的优化算法函数。其中不乏含有几个专门求解最优问题的函数，例如：求解线性规划问题的 linprog、求解最大最小化问题的 fminimax、求解有约束非线性函数的 fmincon 以及求解多目标达到问题的 fgoalattain 等函数。

多目标最优方法的求解思路基本上都是把多目标问题转化为一个或者一系列的单目标问题，然后再通过求解一个或者一系列单目标问题来达到多目标优化问题的求解。本研究采用 MATLAB 工具箱中的多目标达成法 fgoalattain 来对模型进行求解，函数的调用形式为：

$$[x, f_{val}] = \text{fgoalattain}(\text{fun}, x_0, \text{goal}, \text{weight}, a, b, A_{eq}, b_{eq}, l_b, u_b)$$

式中，fun 为目标函数的 M 函数；x_0 为初值；goal 变量为目标函数希望达到的向量值；weight 参数指定目标函数间的权重，用于控制对应目标函数与各用水单位的目标函数值的接近程度；A，b 为不等式的约束系数；A_{eq}，b_{eq} 为等式约束系数；l_b，u_b 为 x 的上限和下限；f_{val} 为求解的 x 所对应的值。

1）乌什县作物水量优化配置

乌什县供水限额为 $5.5 \times 10^8 \mathrm{m}^3$，充分灌溉条件下的缺水率为 14.39%，在供水总量和种植结构不变的前提下，为使乌什县灌区的灌溉综合效益达到最高，建立如下乌什县的水资源优化配置模型：

$$\mathrm{Max}\, f(x_1) = 9983.4Y_1 \cdot 6 + 5813.2Y_2 \cdot 12 + 892.8Y_3 \cdot 4 + 7564.5Y_4 \cdot 5.8$$
$$+ 4158Y_5 \cdot 2.4 + 58217.4Y_6 \cdot 26 + 133.9Y_9 \cdot 24$$

goal 变量为目标函数希望达到的向量值，取各自达到最大灌溉效益 Y 时灌水量的最大值 Q_{Max}；weight 参数指定目标函数间的权重，按目标值确定，在遵循水资源优化配置原则的前提下，经 MATLAB 优化工具箱中 fgoalattain 函数的调试、运行，得出乌什县灌区的优化配置方案。见表 10-12。

表 10-12　　　　　　　　乌什灌区水资源优化配置方案

作物	面积（hm²）	优化前需水（$10^4\mathrm{m}^3$）	模型分配（$10^4\mathrm{m}^3$）	前后差额（$10^4\mathrm{m}^3$）
水稻	9983.4	14975.10	11354.56	3620.54
棉花	5813.2	3705.92	3206.24	499.67
土豆	892.8	475.42	329.73	145.69
小麦	7564.5	3489.13	3039.13	450.00
玉米	4158	2214.14	1745.93	468.21
核桃	58217.4	39296.75	35268.72	4028.02
枣	133.9	71.30	70.17	1.13

2）温宿县作物水量优化配置

温宿供水限额为 $10.8 \times 10^8 \mathrm{m}^3$，充分灌溉条件下的缺水率为 14.39%，在供水总量和种植结构不变的前提下，为使乌什县灌区的灌溉综合效益达到最高，建立如下温宿县的水资源优化配置模型：

$$\mathrm{Max}\, f(x_2) = 11764.1Y_1 \cdot 6 + 79143.5Y_2 \cdot 12 + 10157.9Y_4 \cdot 5.8 + 120.9Y_5 \cdot 2.4$$
$$+ 83077Y_6 \cdot 26 + 15666.3Y_7 \cdot 6 + 338.6Y_9 \cdot 24$$

经 MATLAB 优化工具箱中 fgoalattain 函数的调试、运行，得出温宿县灌区的优化配置方案。见表 10-13。

表 10-13   温宿灌区水资源优化配置方案

作物	面积（hm²）	优化前需水（10^4 m³）	模型分配（10^4 m³）	前后差额（10^4 m³）
水稻	17764.1	26646.15	21541.99	5104.16
棉花	79143.5	50453.98	41604.24	8849.74
小麦	10157.9	4685.33	3371.61	1313.72
玉米	120.9	64.38	40.30	24.08
核桃	83077	56076.98	41613.25	14463.73
苹果	15666.3	10574.75	8921.71	1653.04
枣	338.6	228.56	210.00	18.55

3）阿克苏市作物水量优化配置

阿克苏市灌区供水限额为 9.8×10^8 m³，充分灌溉条件下的缺水率为 25%，在供水总量和种植结构不变的前提下，为使阿克苏市灌区的灌溉综合效益达到最高，建立如下阿克苏市灌区的水资源优化配置模型：

$$\text{Max} f(x_3) = 9040Y_1 \cdot 6 + 124256.7Y_2 \cdot 12 + 6105.7Y_4 \cdot 5.8 + 220.3Y_5 \cdot 2.4$$
$$+ 19858.7Y_6 \cdot 26 + 111832.8Y_7 \cdot 6 + 18980.3Y_9 \cdot 24$$

经 MATLAB 优化工具箱中 fgoalattain 函数的调试、运行，得出阿克苏市灌区的优化配置方案。见表 10-14。

表 10-14   阿克苏市灌区水资源优化配置方案

作物	面积（hm²）	优化前需水（10^4 m³）	模型分配（10^4 m³）	前后差额（10^4 m³）
水稻	9040	13560.00	10668.10	2891.90
棉花	124256.7	79213.65	68029.46	11184.19
小麦	6105.7	2816.25	2188.87	627.38
玉米	220.3	117.31	108.99	83.15
核桃	19858.7	13404.62	10337.61	3067.01
苹果	11832.8	7987.14	7016.25	970.89
枣	18980.3	12811.70	10031.83	2779.87

4)阿瓦提县作物水量优化配置

阿瓦提灌区供水限额为 $10.2 \times 10^8 \mathrm{m}^3$,充分灌溉条件下的缺水率为 15%,在供水总量和种植结构不变的前提下,为使阿瓦提灌区的灌溉综合效益达到最高,建立如下阿瓦提灌区的水资源优化配置模型:

$$\mathrm{Max}\, f(x_4) = 184.5 Y_1 \cdot 6 + 152816.3 Y_2 \cdot 12 + 2207.1 Y_4 \cdot 5.8 + 56.3 Y_5 \cdot 2.4$$
$$+ 14173.4 Y_6 \cdot 26 + 546.4 Y_8 \cdot 6 + 5490.1 Y_9 \cdot 24$$

经 MATLAB 优化工具箱中 fgoalattain 函数的调试、运行,得出阿瓦提灌区的优化配置方案。见表 10-15。

表 10-15 　　　　　　　　　　阿瓦提灌区水资源优化配置方案

作物	面积(hm^2)	优化前需水($10^4\mathrm{m}^3$)	模型分配($10^4\mathrm{m}^3$)	前后差额($10^4\mathrm{m}^3$)
水稻	184.5	276.75	265.28	11.47
棉花	152816.3	97420.39	88125.27	9295.12
小麦	2207.1	1018.02	1000.87	17.16
玉米	56.3	29.98	29.41	0.57
核桃	14173.4	9567.05	8805.51	761.54
葡萄	546.4	368.82	324.99	43.83
枣	5490.1	3705.82	3637.25	68.57

5)农一师作物水量优化配置

研究区包含了整个阿拉尔市及阿瓦提县的一小部分,在当地的灌区区划中,将阿拉尔及阿瓦提的这一部分统称为农一师灌区,由兵团支配管理。在水资源优化调配中也以农一师为单位进行优化。农一师的供水限额为 $11.6 \times 10^8 \mathrm{m}^3$,缺水率达 26%。在供水总量和种植结构不变的前提下,为使阿瓦提灌区的灌溉综合效益达到最高,建立如下阿瓦提灌区的水资源优化配置模型:

$$\mathrm{Max}\, f(x_5) = 4602.5 Y_1 \cdot 6 + 172499.1 Y_2 \cdot 12 + 4650 Y_4 \cdot 5.8 + 249.3 Y_5 \cdot 2.4$$
$$+ 85.6 Y_6 \cdot 26 + 59 Y_8 \cdot 6 + 49427.3 Y_9 \cdot 24$$

经 MATLAB 优化工具箱中 fgoalattain 函数的调试、运行,得出农一师灌区的优化配置方案。见表 10-16。

表 10-16 农一师灌区水资源优化配置方案

作物	面积(hm²)	优化前需水(10⁴m³)	模型分配(10⁴m³)	前后差额(10⁴m³)
水稻	4602.5	6903.75	4817.67	2086.08
棉花	172499.1	109968.18	81218.24	28749.93
小麦	4650.0	2144.81	1504.75	640.06
玉米	249.3	132.75	77.66	55.09
核桃	85.6	57.78	47.18	10.60
葡萄	59.0	39.83	22.76	17.06
枣	49427.3	33363.43	28749.09	4614.34

6）阿克苏河灌区作物水量优化配置结论

通过作物灌溉水量的调整，使得灌区内每种作物都能得到一定水量的灌溉、较高的产量以及较为理想的经济收益。根据模型优化的结果，套用每种作物产量-需水量模型计算可以得出：水稻的单产可以达到8711.38kg/hm²，较模型的最大值每公顷少产出731kg；棉花的单产可以达到1500.39kg/hm²，较模型的最大值每公顷少产出117.1kg；小麦的单产为2183.39kg/hm²，较模型的最大值每公顷少产出6168kg；玉米的单产为3615.91kg/hm²，较模型的最大值每公顷少产出2316.9kg；核桃的单产可以达到34683.023kg/hm²，较模型的最大值每公顷少产出1842.91kg；苹果的单产可以达到49515kg/hm²，较模型的最大值每公顷少产出724.71kg；枣的单产可以达到35311kg/hm²，较模型的最大值每公顷少产出2399kg；葡萄的单产可以达到9511.6kg/hm²，较模型的最大值每公顷少产出16157kg；土豆的产量可以达到26955kg/hm²，与模型的最大产量持平。按模型的优化方案进行配水，预计整个灌区农作物的总产量将达到146.7×10⁸kg，整个灌区的农业经济总效益预计达到246.58×10⁸元。见表10-17。

表 10-17 基于灌溉效益模型的农业水资源分配成果

作物	面积(hm²)	模型配水(10⁸m³)	单产(kg/hm²)	总产量(10⁸kg)	总效益(亿元)
水稻	41574.5	4.86	8711.38	3.62	0.99

作物	面积（hm²）	模型配水（10⁸m³）	单产（kg/hm²）	总产量（10⁸kg）	总效益（亿元）
棉花	534528.8	28.22	1500.39	8.02	47.74
小麦	30685.2	0.84	2183.39	0.67	0.07
玉米	4804.8	0.33	3615.91	0.17	0.06
核桃	175412.1	9.61	47683.03	83.64	103.05
苹果	27499.1	1.59	49514.54	13.62	11.69
枣	74370.2	4.27	49311.01	36.67	82.66
葡萄	605.4	0.04	9511.63	0.06	0.13
土豆	892.8	0.03	26955.28	0.24	0.19

10.2.5　作物种植面积的优化配置

上述研究是在当前种植结构不变，但供水量不足的情况下，为使灌区的综合效益达到最高而做出的权宜之策。从灌溉水资源的承载力分析中可知，灌区灌溉水量不足的根本原因在于灌区种植结构的不合理，为使灌区得到可持续的有利发展，需要目前的种植结构做出合理的调整，才能从根本上解决灌区水资源短缺的问题。

1. 模型构建

阿克苏河流域灌区的主要种植作物有水稻、棉花、小麦、玉米、核桃、苹果和枣等。这些作物的耗水量占到了整个灌区作物耗水的95%以上，对灌区种植结构的优化也以这几类主要的作物为主。

1）目标函数

以整个灌区作物综合产量最高和经济效益最大为目标，建立阿克苏河流域灌区2020年的种植结构优化配置模型。

（1）总净产值最大：

$$\text{Max } F_1 = 2588a_1 + 9000a_2 + 821a_3 + 1950a_4 + 45000a_5 + 60000a_6 + 85000a_7$$

（2）作物总产量最大：

$$\text{Max } F_2 = 9442a_1 + 1512a_2 + 8351a_3 + 5933a_4 + 36526a_5 + 49868a_6 + 37711a_7$$

式中，a_1、a_2、a_3、a_4、a_5、a_6、a_7 分别代表水稻、棉花、小麦、玉米、核桃、苹果和枣的种植面积，目标函数 F_1 各项系数为集约化种植栽培下的产值（元/hm^2），目标函数 F_2 各项系数为充分灌溉、管理条件下的作物产量（kg/hm^2）。

2）约束条件

（1）水量约束。灌溉水量不能超出可供水量（灌溉定额为优化后的定额，随着地下水开采的力度加大，可供水量适宜增加）：

$$11500a_1 + 5500a_2 + 4100a_3 + 5000a_4 + 5800a_5 + 5725a_6 + 5825a_7 \leqslant 50 \times 10^8$$

（2）面积约束。种植面积不能超出规划面积：

$$a_1 + a_2 + a_3 + a_4 + a_5 + a_6 + a_7 \leqslant 880000$$

2020 年预测阿克苏地区人口数为 260.43 万人，对于粮食作物要求要确保粮食作物满足自给自足的最小种植面积，棉花需要保证对社会的一定供求量，特色林果是近几年的一大特色，具有经济效益好，水分依赖相对较低的属性，可以适当扩大其种植面积。

$$10000 \leqslant a_1 \leqslant 41574.5$$

$$300000 \leqslant a_2 \leqslant 600000$$

$$10000 \leqslant a_3 \leqslant 100000$$

$$2000 \leqslant a_4 \leqslant 8000$$

$$150000 \leqslant a_5 \leqslant 250000$$

$$27000 \leqslant a_6 \leqslant 100000$$

$$70000 \leqslant a_7 \leqslant 150000$$

3）非负约束

$$a_1 \geqslant 0, \ a_2 \geqslant 0, \ a_3 \geqslant 0, \ a_4 \geqslant 0, \ a_5 \geqslant 0, \ a_6 \geqslant 0, \ a_7 \geqslant 0$$

2. 模型求解

采用 MATLAB 的线性规划求解上述模型，经过反复的调试得到优化结果，见表 10-8。结果表明，通过农作物种植结构的调整，两个目标函数均得到了一定程度的提高。优化后灌区主要作物的需水量为 $50 \times 10^8 \text{m}^3$，较优化前减少了 $10 \times 10^8 \text{m}^3$，较优化前需水少 16.67%。作物总净产值由优化前的大约 208×10^8 元增加

到了优化后的大约 278×10^8 元，增长了 33.7%。农作物总产量由优化前的大约 121×10^8 kg 提高到了优化后的大约 169×10^8 kg，增长了 40%。需要说明的是，在水资源承载分析中已得出整个灌区的灌溉面积已经超出其水资源承载力的结论，故灌溉面积维持原来的面积不变，同时，在计算优化后的灌溉需水量时，这里是以 2020 年作为优化目标年份，考虑到节水灌溉技术提高以及渠系水利用系数提高，这里使用的灌溉定额为经过一定程度优化的灌溉定额。

表 10-18　　　　　　　　　　　种植结构优化结果

项目	优化前	优化后	变化率(%)
水稻(hm^2)	41574.5	13279	−68.06
棉花(hm^2)	534528.8	429550	−19.63
小麦(hm^2)	30685.2	17685	−42.37
玉米(hm^2)	4804.8	14804	208.11
核桃(hm^2)	175412.1	217312	23.89
苹果(hm^2)	27499.1	72614	164.06
枣(hm^2)	74370.2	114756	54.3
总需水量($10^8 m^3$)	60	50	−16.67
总净产值(亿元)	208.18	278.34	33.7
总产量($10^4 t$)	1206.86	1689.66	40

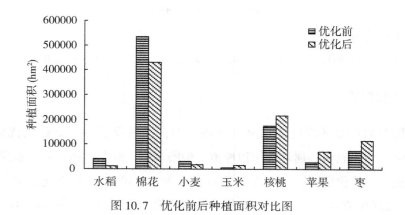

图 10.7　优化前后种植面积对比图

10.3　小　　结

（1）根据阿克苏地区多年社会经济统计数据，预测 2017 年生活需水量为 $0.4\times$
$10^8 m^3$，2020 年生活需水为 $0.44\times10^8 m^3$；预测 2017 年工业需水 $1.82\times10^8 m^3$，
2020 年工业需水 $2.01\times10^8 m^3$；预测 2017 年第三产业需水 $0.42\times10^8 m^3$，2020 年
第三产业需水 $0.46\times10^8 m^3$；预测 2017 年生态需水 $17.42\times10^8 m^3$，2020 年生态需
水 $18.22\times10^8 m^3$，预计全灌区 2017 年各部门总需水量 $73.09\times10^8 m^3$，2020 年全灌
区各部门总需水 $76.08\times10^8 m^3$。其中，生活、工业、第三产业需水占比将持续增
高，农业需水占比略有下降。

（2）2014 年阿克苏河灌区水资源承载力：沙雅县>阿瓦提县>阿克苏市>温宿
县>乌什县>阿拉尔市，介于饱和到过饱和之间。说明阿克苏河灌区的种植面积
已经达到一定的规模，不宜再继续扩大种植面积和再增加对地下水的开采。

（3）在供水限额的限制条件下，通过建立不同作物需水量-产量目标函数及作
物需水量-灌溉效益模型的多目标规划模型，基于作物产量最大和经济效益最大
的目标，得到阿克苏河灌区各分区作物水量的定量优化配置方案。

第11章 绿洲生态水优化调控理论及技术

11.1 基于水资源优化配置的生态水调度模式

在塔里木河流域众多已建及待建水利工程格局中，如何将生态因素纳入水库调度、用水总量控制和流域水资源配置方案，保障河流生态系统水需求，实现防洪、发电、供水、灌溉等多目标综合调度管理，是水资源管理亟待攻克的难题。综合以上生态需水量、生态供水高效技术模式等研究成果，提出了源流"集中同步组合"、干流"分段耗水控制"、下游"地下水位调控"的生态水调控理论和方案（图 11.1）。研究构建的塔里木河多目标生态水调度模型是将生态需水量作为外生变量（硬约束），针对不同的来水保证率，以各目标协调、综合满意度（或效用值）最大为目标，充分考虑不同群体和部门对各目标的偏好，应用满意度函数，将人口模型、宏观经济模型、需水模型水资源利用与供需等有机整合形成。

采用通用数学模型系统（The General Algebraic Modeling System，GAMS）软件求解（图 11.2）。根据模型运算，在50%保证率来水时，塔里木河可供生态水量$37.68 \times 10^8 \mathrm{m}^3$，可基本满足$37.1 \times 10^8 \sim 38.2 \times 10^8 \mathrm{m}^3$的生态需水总量要求。通过现状水资源供需平衡计算结果分析可以看出，由于塔河干流上游引水保证率高，调蓄工程较为完善，面积自 2000 年后有所发展，现有灌溉面积是 2000 年方案实施时的 2.5 倍之多，引水总量远超过限额水量；中游灌区均是无坝引水，保证率低，通过乌斯满河道引水的灌区，河水利用率较低，灌区调蓄工程能力有限，灌区面积与五年实施方案中面积接近；下游农二师灌区引水较困难，仅在洪水期才能引水，虽发展了节水灌，面积略有增加，但主要通过蓄孔雀河的冬闲水，以保证灌区春季灌溉需水。

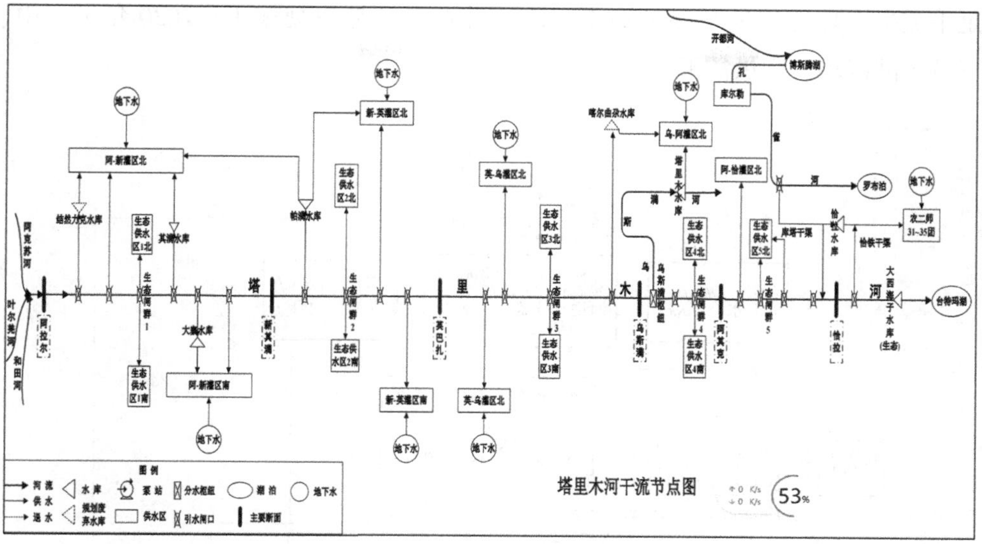

图 11.1 塔里木河干流水资源配置网络节点图

干流 50%来水时，可供生态水量为 $33.96\times10^8 m^3$，相比前述计算的干流生态需水总量 $37.1\times10^8 \sim 38.2\times10^8 m^3$ 有 $3.14\times10^8 \sim 4.21\times10^8 m^3$ 的差距。从干流总的水资源供需分析看，灌区余水量大于缺水量，现状的缺水原因主要为工程性缺水，缺水现象是由于田间节水工程配套不完善，灌溉管理粗放、落后等原因造成，因此今后应加强灌区工程建设，强化现有灌区工程配套，发展高效节水，还水于生态。现状塔河干流灌区内水利设施较差，大多是无坝引水，毛灌溉用水定额高，地表水资源的利用率较低。夏季河道不能利用的水量都以洪水形式下泄，不能满足下游生态适时适量需水要求，造成下游绿洲生态环境恶化。因此，现状水利设施不能满足当前经济发展和下游生态环境改善对水资源的要求，且灌溉面积偏大，同时干流生态调度仍需加强工程建设。

未来 20 年，随着灌区续建配套改造进一步完善，使得灌溉用水资源管理更加科学化，灌溉水资源利用率进一步提高，尤其是通过减少灌溉面积，农业灌溉用水有所减少。通过灌区改造，加大灌区节水力度，在限额引水时，虽然灌区依然缺水，但生态供水有所增加，干流荒漠河岸林供水保障条件大大提高。2020 年、2030 年干流在 50%保证率来水时，可供生态水量 $37.68\times10^8 m^3$，已可基本满足干流生态环境修复与保护用水需求，且在新的灌溉规模下，2030 年上、中、下游各灌区均达到供需平衡。

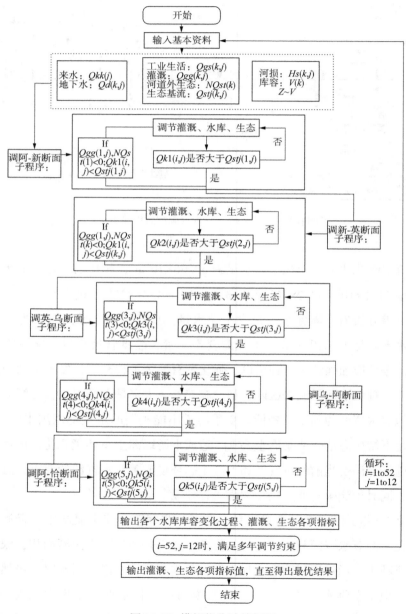

图 11.2　模拟优化计算框图

干流生态调度措施：干流上中游生态调度。为有效控制河段耗水量，在干流上、中、下游长达 890km 的河道两岸，共布置输水堤 609km，其中，上游 69km，中游 433km，下游 107km。上游为不连续布置的输水堤，中、下游左岸输水堤为连续的输水堤，即从英巴扎至大西海子水库河道左岸 302km 长的输水堤全线贯通。共修建引水控制闸 49 座，其中上游 15 座，中游 34 座，2005 年建成投入运行。有部分学者认为，输水堤将河岸植被生态系统人为地割裂成两个单元，限制了洪水漫溢的范围，生态系统将因此而不断萎缩。本研究认为，控制河段耗水，在急需整治的河段合理地布置一定规模的输水堤是必要的，对堤外部分地带性植被的影响可通过修建生态闸的办法得到解决。

生态调度目标及主要措施。塔里木河干流两岸不适宜发展大规模的灌溉农业，应以保护天然植被为主要目标，努力约束人类活动，从而减少干扰影响，使天然植被得以自然繁衍、自然修复，倡导人与自然和谐的科学发展观。因此，首先要控制干流各段工农业耗水量，干流工农业总用水控制在 $13\times10^8\text{m}^3$ 左右，生态与社会经济用水宜控制在 70：30。上、中、下游河道耗水比例基本控制在 40：40：20 为宜。其次要继续开展河道治理工程，在上游河段有针对性的修建输水堤，主要引水口修建控制闸，减少单位河长耗水量，对淤积河段实施必要的疏通清障工程。再次要充分发挥生态闸的调控作用，为堤外天然植被生长适时提供地表水源，并使其保持一定的地下水位，发挥乌斯满、阿其克等已建控制性分水闸的作用，合理调控河段水量分配。

干流下游生态调度与地下水位调控：

（1）河道生态调度。断流 30 多年的下游河道，地下水位下降至 10～12m，使得依赖地下水为生、抗旱能力极强的胡杨和柽柳也难以生存，大片胡杨林枯死，绿色走廊急剧萎缩，库鲁克沙漠和塔克拉玛干沙漠呈现合拢态势。因此，恢复下游河道生态输水，尽可能多地恢复河道两岸的天然植被，拯救濒于毁灭的绿色走廊以阻止两大沙漠合拢。根据《水量分配方案》，大西海子水库多年平均下泄生态水 $3.5\times10^8\text{m}^3$，实行其文阔河和老塔里木河双河道输水，进入台特马湖水量控制在（1000～2000）$\times10^4\text{m}^3$，加上车尔臣河汛期的入湖水量使湖面维持在 200km² 左右。

（2）地下水位调控目标。在干旱地区，对地表水无法到达的大部分区域，地下水是维系地表植被生长繁殖唯一水源。研究表明，地下水埋深<4m时，植被恢复等级为优；地下水埋深在4~6m时，植被恢复等级为良；地下水埋深为6~8m时，植被有恢复响应；地下水埋深>8m时，植被恢复响应微弱。鉴于塔里木河水资源的紧缺现状，下游地区生态环境修复近河地带可以做到"枝繁叶茂"，但大部分地区宜以"维持生机"作为适宜度控制标准。因此，离河100m范围地下水埋深宜控制在2~4m，离河100~500m范围地下水埋深宜控制在4~6m，离河500~1000m范围地下水埋深宜控制在6~8m。

生态调度措施：充分发挥大西海子水库的生态调度作用。通过扩建下游恰拉水库，并由其完全承担下游灌区的灌溉任务，为大西海子水库成为专用的生态调度水库创造了条件。塔里木河肖夹克——大西海子水库河道全长797km，孔雀河博斯腾湖~大西海子水库输水距离570km，而大西海子水库泄洪闸——台特马湖还有357km的河道长度。下游生态输水方案优化。基于多年生态输水监测资料，不少研究均认为，大西海子水库以下采用其文阔河和老塔里木河双河道连续输水方案较为合理。为了使 $3.5 \times 10^8 m^3$ 水发挥最大的生态效益，应将线状与面状输水相结合起来，尽可能多地扩大生态保护和修复的范围，加大地下水和土壤水补给力度，提高植被腾发的有效耗水量。可根据地形和现有的老河床，积极开展引灌、渗灌，恢复并合理调控其文阔河和老塔里木河两河间地下水位，使一部分区域地下水埋深恢复到4~6m，一部分区域地下水埋深恢复到6~8m。当大部分区域地下水位恢复到4~8m后，可采取分区轮灌的方式，动态调控地下水位，逐步形成稳定的、布局合理的林灌草植被生态系统。

为了巩固已取得的成效，确保生态需水及社会经济协调发展，基于已批复实施的水量分配方案，积极开展生态调度研究与实践是十分必要的，对于强化水量统一调度、实施最严格的水资源管理、避免大规模水库电站梯级开发对流域生态环境可能造成新的、更大的胁迫，也是十分迫切的。本章基于流域水资源合理配置方案，提出了流域生态调度技术路线和源流"集中同步组合"、干流"分段耗水控制"和干流下游"地下水位调控"的生态调度调控对策。但在实施的过程中，还须站在流域全局的角度，逐条源流加以细化，增强其可操作性。

（1）关于各源流"集中同步组合"生态调度的初步设想。塔里木河"四源一干"流域面积 $22.6 \times 10^4 km^2$，若从叶尔羌河源头算起，河流全长2437km，上游三条源流有五大支流，四条源流除满足下泄塔里木河水量要求外，还要承担本流域经济社会可持续发展和自身生态环境保护的艰巨任务。在这种背景下开展流域生态调度研究，是一项极具挑战性的课题，特别是随着大规模山区水库的建设，必将加大流域生态调度的难度。阿克苏河河流长度相对较短，其多年平均下泄水量占阿拉尔断面总水量的73%。鉴于此，应当重点做好阿克苏河及其两条支流库玛拉克河和托什干河的生态调度，在每年的6—9月开展集中调度，以阿克苏河生态流量调度为中心，协调和田河、叶尔羌河生态调度同步实施，以完成阿拉尔断面生态流量的空间组合调度。

（2）关于干流"分段耗水控制"生态调度方案的思考。塔里木河近期在干流上共修建了609km输水堤，其主要目的就是要控制河段耗水量，实行上、中、下游水资源合理配置。然而，这一工程措施受到了部分学者的质疑，认为：输水堤将河岸植被生态系统人为地割裂成两个单元，限制了洪水漫溢的范围，塔里木河生态系统将因此而不断萎缩。经过河道治理后，干流中游耗水量虽然得到了有效控制，但仍不稳定，上游河道耗水量仍在继续增加，其主要原因是由于这些地区为了满足农业灌溉用水，不断加大引水量，严重干扰河道范围内水流自然消耗及演进过程。本研究认为：①控制河段耗水，在急需整治的河段合理地布置一定规模的输水堤是必要的，对堤外部分地带性植被的影响可通过修生态闸的办法加以解决；②塔里木河干流两岸不适宜发展大规模的灌溉农业，应以保护天然植被为主要目标，努力约束人类活动，并减少干扰影响，使河道两岸的天然植被得以自然繁衍、自然修复，倡导人与自然和谐的科学发展观。

（3）关于下游"生态输水，地下水位调控"生态调度方案的讨论。流域水资源配置方案要求开都河-孔雀河流域无论在何种水文情势下，每年均需向下游输水 $4.5 \times 10^8 m^3$。本研究研究认为：①开都河-孔雀河流域由于博斯腾湖、孔雀河下游也面临较为严重的生态环境问题，在枯水年景可适当减少对塔里木河下游的水量补给；②合理确定下游地区生态环境修复的空间适宜度，近河地带可以做到"枝繁叶茂"，但大部分地区宜以"维持生机"作为适宜度控制标准；③在干旱地区地下水是天然植被保护的最后一道生命线，生态输水应采取各种措施，加大地下水回补力度，当保护区绝大部分区域地下水位恢复到4~8m后，可采取分区轮灌的方式，动态调控地下水位。

（4）关于生态调度过程线的思考。目前塔里木河流域水量调度管理是以旬为时段实施汛期（6—9 月）水量调度管理的，对于非汛期未做要求，因此，实现年水量调度目标是没有切实保障的。塔里木河生态调度年水量目标主要应以调度汛期水量来实现，还是以汛期水量为主、非汛期水量也应参与调度，学者有不同的建议。事实上塔里木河干流本身就是季节性断流河道，特别是在源流大规模开发后河道非汛期断流时间呈延长趋势，同时汛期各源流来水集中，还存在洪水生态调度问题。因此，塔里木河流域非汛期生态需水研究和汛期洪水调度是两个应重点关注的生态调度问题。

（5）塔里木河流域近期综合治理与生态调度管理。塔里木河流域管理部门制定了《塔里木河流域综合治理工程措施与非工程措施五年实施方案》。"工程措施"已基本完成，但各源流甚至一些干流地区"边治理边开荒，边节水边增加耗水"的普遍现象并没有得到有效遏制，干流来水持续减少的势头没有得到有效遏制，"非工程措施"还远没有发挥应有的效能。在这种情形下，积极开展流域生态调度研究，加快流域生态调度实施方案的制定，对于巩固综合治理已取得的成效，避免流域水电大开发（山区水库建设、水电资源开发）对塔里木河生态环境造成更为严重的影响，具有非常重要的现实意义。

塔里木河流域生态水调控框架图如图 11.3 所示。

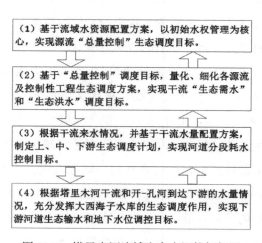

图 11.3　塔里木河流域生态水调控框架图

11.2 不同需水情景方案设置

为了实现塔里木河河段水资源的优化配置，首先对塔里木河河段的需水量进行综合分析。同时，考虑到干流不同的来水频率，将河段需水分为四种情景进行研究：全满足河段需水；满足高覆盖植被生态需水、河损和农业引水；满足高覆盖植被生态需水、河损及90%农业引水；部分满足天然植被生态需水、河损与90%农业引水。因而，基于计算需求，本研究提出了上中游河段不同植被类型下的生态需水量。

11.2.1 情景1：满足全部需水下的水量配置分析

首先，确定四个河段(段1、段2、段3和段4)农业引水和天然植被生态需水量。塔里木河上游农业引水及生态需水量为$20.51\times10^8\,m^3$，中游少于上游，为$6.89\times10^8\,m^3$；其中，农业引水和生态需水上游分别比中游多$2.64\times10^8\,m^3$和$4.25\times10^8\,m^3$。在塔里木河干流上中游，为满足上述需水条件，各河段的年河损量，并结合典型年各月的实测河损量，按照已构建的公式计算该需水条件下的各月河损量(表11-1)。

表11-1　　　　　　　　干流各河段河损量分析表　　　　　　　（单位：$10^8\,m^3$）

河损量	1—6月	7月	8月	9月	10—12月	合计
阿拉尔—新其满	0.82	1.16	3.52	-0.34	0.06	5.23
新其满—英巴扎	1.66	2.90	4.59	-0.50	0.28	8.93
英巴扎—乌斯满	0.63	1.11	1.73	0.49	-0.14	3.83
乌斯满—恰拉	0.52	0.60	1.17	0.72	0.08	3.10
上中游合计	3.63	5.77	11.01	0.38	0.29	21.08

在表11-1中，塔里木河干流上中游在满足农业引水和生态需水条件下的河损量为$21.08\times10^8\,m^3$，其中8月河损最大，占总河损量的52.2%，其次是7月和1—6月，分别占总河损量的27.4%与17.2%；由于断面来水量较少，导致河损

的较小值在 9 月和 10—12 月，分别为总河损量的 1.8% 与 1.4%。

考虑到河损中的河道渗漏及河水漫溢的下渗水量主要通过补充地下水来供给河岸天然植被的生态需水，因此应将这部分水量作为重复水扣除。根据河道渗透系数并参考《中国塔里木河水资源与生态问题研究》中确定的漫溢水的下渗系数（23%），计算得到塔里木河干流上中游的重复水量（即为河道渗漏水量与漫溢下渗水量之和），见表 11-2。

表 11-2　　　　　　　　　干流各河段重复水量计算　　　　　　（单位：$10^8 m^3$）

河段	1—6 月	7 月	8 月	9 月	10—12 月	合计
阿拉尔—新其满	1.48	0.56	1.11	0.40	0.99	4.54
新其满—英巴扎	1.00	0.85	1.24	0.25	0.61	3.95
英巴扎—乌斯满	0.88	0.49	0.64	0.35	0.68	3.05
乌斯满—恰拉	1.08	0.43	0.56	0.46	0.84	3.37
合计	4.44	2.34	3.55	1.46	3.13	14.91

塔里木河干流上中游的总需水量为 $40.29 \times 10^8 m^3$，其中新其满—英巴扎河段需水量最大，占总需水量的 39.6%，其后依次为阿拉尔—新其满、英巴扎—乌斯满、乌斯满—恰拉，分别占总需水量的 25.4%、22.4% 和 12.6%；结合阿拉尔—恰拉河段 2005—2013 年的区间耗水资料，该时段耗水量的平均值为 $39.6 \times 10^8 m^3$，从而表明该计算方式具有较好的科学性和可行性，计算结果准确可靠。根据已有研究成果，恰拉以下所需的生态需水总量为 $4.96 \times 10^8 m^3$，河灌区及泵灌区农业引水总量为 $2.23 \times 10^8 m^3$，总需水量为 $7.19 \times 10^8 m^3$，因此可计算得到满足塔里木河干流需水下各控制断面的下泄水量，即：阿拉尔、新其满、英巴扎、乌斯满、恰拉五个水文控制断面的过水量分别应为 $47.48 \times 10^8 m^3$、$37.27 \times 10^8 m^3$、$21.31 \times 10^8 m^3$、$12.28 \times 10^8 m^3$ 和 $7.19 \times 10^8 m^3$。

11.2.2　情景 2：满足河段高覆盖植被、河损和农业引水下的水量配置分析

提取塔里木河干流上中游高覆盖植被区的生态需水量，结合该河段农业引水

数据，得到其不同河段的引水总量。见表 11-3。

表 11-3　　　　**情景 2 下干流上中游农业引水及生态需水量计算表**　（单位：10^8m^3）

河段	需水项	1—6 月	7 月	8 月	9 月	10—12 月	合计
阿拉尔—新其满	生态需水	2.53	0.88	0.68	0.63	0.63	5.35
	农业引水	1.30	0.60	1.00	0.34	0.59	3.84
	合计	3.83	1.48	1.68	0.97	1.22	9.19
新其满—英巴扎	生态需水	3.48	1.21	0.93	0.87	0.86	7.36
	农业引水	0.57	0.62	1.14	0.39	0.66	3.39
	合计	4.05	1.83	2.07	1.26	1.52	10.74
英巴扎—乌斯满	生态需水	2.15	0.75	0.58	0.54	0.53	4.55
	农业引水	0.37	0.75	1.44	0.40	0.35	3.32
	合计	2.52	1.50	2.02	0.94	0.88	7.87
乌斯满—恰拉	生态需水	1.53	0.53	0.41	0.38	0.38	3.24
	农业引水	0.39	0.24	0.25	0.05	0.34	1.27
	合计	1.92	0.77	0.66	0.43	0.72	4.50
上中游合计		12.33	5.59	6.44	3.60	4.34	32.30

在表 11-3 中，考虑到仅保护塔里木河河道两岸高覆盖天然植被，段 1 至段 4 的生态需水量分别为 $5.35 \times 10^8 \text{m}^3$、$7.36 \times 10^8 \text{m}^3$、$4.55 \times 10^8 \text{m}^3$ 和 $3.24 \times 10^8 \text{m}^3$，加之农业引水，上中游引水总量为 $32.30 \times 10^8 \text{m}^3$。

因塔里木河干流在 9 月和 10—12 月均出现水量漫溢后的回流河道现象，河损出现负值。总体上，上中游河损量合计为 $19.82 \times 10^8 \text{m}^3$，其中段 1 至段 4 分别占其 24.3%、43.7%、18.3% 和 13.7%。根据各河段引水量与河损量的总水量，计算得到其重复水量（即河道渗漏量及漫溢下渗水量），见表 11-4。

表 11-4　　　　　　　　　　干流上中游各河段重复水量计算　　　　　　（单位：10^8m^3）

河段	1—6 月	7 月	8 月	9 月	10—12 月	合计
阿拉尔—新其满	1.56	0.54	1.05	0.40	1.00	4.55
新其满—英巴扎	0.97	0.83	1.20	0.25	0.60	3.85
英巴扎—乌斯满	0.81	0.48	0.62	0.35	0.67	2.93
乌斯满—恰拉	0.99	0.44	0.59	0.41	0.82	3.25
上中游合计	4.33	2.29	3.46	1.40	3.09	14.57

在表 11-4 中，在情景 2 时上中游各河段的重复水量为 $14.57 \times 10^8 \text{m}^3$，其中段 1 至段 4 分别占其 31.2%、26.4%、20.1% 和 22.3%。计算得到塔里木河干流上中游各河段的总需水量见表 11-5。

表 11-5　　　　　　　　　　干流上中游各河段总需水量计算　　　　　　（单位：10^8m^3）

河段	1—6 月	7 月	8 月	9 月	10—12 月	合计
阿拉尔—新其满	3.03	2.01	3.88	0.26	0.28	9.47
新其满—英巴扎	4.69	3.81	5.32	0.52	1.20	15.55
英巴扎—乌斯满	2.31	2.07	3.04	1.06	0.08	8.57
乌斯满—恰拉	1.71	0.96	1.37	0.50	0.00	4.54
上中游合计	11.75	8.86	13.62	2.34	1.57	38.13

在表 11-5 中，塔里木河干流上中游的总需水量为 $38.13 \times 10^8 \text{m}^3$，其中新其满-英巴扎河段需水量最大，占总需水量的 40.8%，其后依次为阿拉尔—新其满、英巴扎—乌斯满、乌斯满—恰拉，分别占总需水量的 24.8%、22.5% 和 11.9%。结合下游的最低总需水量为 $6.76 \times 10^8 \text{m}^3$，因此可计算得到满足塔里木河干流需水下各控制断面的下泄水量，在情景 2 下满足塔里木河干流的需水要求，阿拉尔、新其满、英巴扎、乌斯满、恰拉五个水文控制断面的过水量分别应为 $44.89 \times 10^8 \text{m}^3$、$35.43 \times 10^8 \text{m}^3$、$19.87 \times 10^8 \text{m}^3$、$11.30 \times 10^8 \text{m}^3$ 和 $6.76 \times 10^8 \text{m}^3$。

11.2.3 情景3：满足河段高覆盖植被、河损和保证率90%农业引水下的水量配置分析

根据塔里木河干流不同植被生态需水量及农业引水量，计算得到各河段高覆盖植被生态需水及90%农业引水下的水资源需求量，见表11-6。

表 11-6　　**情景3下干流上中游农业引水及生态需水量计算表**（单位：$10^8 m^3$）

河段	需水项	1—6月	7月	8月	9月	10—12月	合计
阿拉尔—新其满	生态需水	2.53	0.88	0.68	0.63	0.63	5.35
	农业引水	1.17	0.54	0.90	0.30	0.53	3.45
	合计	3.70	1.42	1.58	0.93	1.16	8.80
新其满—英巴扎	生态需水	3.48	1.21	0.93	0.87	0.86	7.36
	农业引水	0.52	0.56	1.03	0.35	0.60	3.05
	合计	4.00	1.77	1.96	1.22	1.46	10.40
英巴扎—乌斯满	生态需水	2.15	0.75	0.58	0.54	0.53	4.55
	农业引水	0.34	0.68	1.30	0.36	0.32	2.99
	合计	2.49	1.43	1.88	0.90	0.85	7.54
乌斯满—恰拉	生态需水	1.53	0.53	0.41	0.38	0.38	3.24
	农业引水	0.35	0.22	0.23	0.04	0.30	1.14
	合计	1.88	0.75	0.64	0.42	0.68	4.37
上中游合计		12.06	5.37	6.05	3.48	4.15	31.12

在表11-6中，塔里木河干流上中游的引水总量为 $31.12 \times 10^8 m^3$，其中段1至段4分别占其28.3%、33.4%、24.2%和14.1%。根据引水需求，计算得到塔里木河干流各河段的河损量，见表11-7。

表 11-7   干流各河段河损量分析表   （单位：10^8m^3）

河损量	1—6 月	7 月	8 月	9 月	10—12 月	合计
阿拉尔—新其满	1.35	1.26	1.61	0.15	0.08	4.44
新其满—英巴扎	1.53	2.67	4.22	-0.46	0.26	8.22
英巴扎—乌斯满	0.57	1.00	1.57	0.45	-0.12	3.46
乌斯满—恰拉	0.76	0.62	1.28	0.48	-0.47	2.67
上中游合计	4.21	5.55	8.57	0.60	-0.25	18.79

根据表 11-7，塔里木河干流在段 2 的 9 月及段 3 至段 4 的 10—12 月河损量为负值，表明枯水期上述河段出现了一定的漫溢水量回流。总体上，情景 3 时塔里木河上中游河损量为 $18.79 \times 10^8 \text{m}^3$，其中段 1 至段 4 分别占其 23.6%、43.8%、18.4% 和 14.2%。进而，根据塔里木河上中游引水量及河损量计算得到各河段的重复水量，见表 11-8。

表 11-8   干流上中游各河段重复水量计算   （单位：10^8m^3）

河段	1—6 月	7 月	8 月	9 月	10—12 月	合计
阿拉尔—新其满	1.35	0.59	0.67	0.40	1.02	4.03
新其满—英巴扎	0.93	0.79	1.15	0.25	0.60	3.73
英巴扎—乌斯满	0.78	0.47	0.60	0.35	0.68	2.88
乌斯满—恰拉	0.96	0.44	0.59	0.41	0.83	3.23
上中游合计	4.03	2.29	3.01	1.40	3.14	13.86

在表 11-8 中，情景 3 下塔里木河上中游的重复水量为 $13.86 \times 10^8 \text{m}^3$，其中段 1 至段 4 分别占其 29.1%、26.9%、20.8% 和 23.2%。综合计算得到塔里木河上中游各河段的总需水量，其中塔里木河段 1 至段 3 于 10—12 月进行满足 $1.39 \times 10^8 \text{m}^3$ 的需水量，而段 4 则无需供水，仅依靠回流水量即可满足河道水量消耗。总体上，干流上中游的需水总量为 $36.69 \times 10^8 \text{m}^3$，其中段 1 至段 4 分别占其 25.1%、40.6%、22.2% 和 12.1%。考虑下游的天然植被主要依靠河道渗漏补给为主，因此恰拉以下设定满足河道渗漏（$3.38 \times 10^8 \text{m}^3$）及 90% 保证率下的农业用

水（2.01×10⁸m³），此时下游的需水总量为 5.39×10⁸m³；据此，计算得到塔里木河干流各水文断面的下泄水量，情景 3 下阿拉尔、新其满、英巴扎、乌斯满、恰拉五个水文控制断面的过水量分别应为 42.08×10⁸m³、32.85×10⁸m³、17.95×10⁸m³、9.82×10⁸m³ 和 5.39×10⁸m³。

11.2.4 情景4：部分满足天然植被生态需水、河损与保证率90%农业引水下的水量配置分析

对情景 4 下天然植被的生态需水设定为：充分满足 7—9 月高覆盖植被的生态需水要求，1—6 月和 10—12 月满足其生态需水量的 50%，见表 11-9。

表 11-9　　**情景 4 下干流上中游农业引水及生态需水量计算表**（单位：10⁸m³）

河段	需水项	1—6月	7月	8月	9月	10—12月	合计
阿拉尔—新其满	生态需水	1.27	0.88	0.68	0.63	0.31	3.77
	农业引水	1.17	0.54	0.90	0.30	0.53	3.45
	合计	2.44	1.42	1.58	0.93	0.84	7.22
新其满—英巴扎	生态需水	1.74	1.21	0.93	0.87	0.43	5.19
	农业引水	0.52	0.56	1.03	0.35	0.60	3.05
	合计	2.26	1.77	1.96	1.22	1.03	8.23
英巴扎—乌斯满	生态需水	1.08	0.75	0.58	0.54	0.27	3.21
	农业引水	0.34	0.68	1.30	0.36	0.32	2.99
	合计	1.42	1.43	1.88	0.90	0.59	6.21
乌斯满—恰拉	生态需水	0.77	0.53	0.41	0.38	0.19	2.28
	农业引水	0.35	0.22	0.23	0.04	0.30	1.14
	合计	1.12	0.75	0.64	0.42	0.49	3.42
上中游合计		7.23	5.37	6.05	3.48	2.95	25.09

在表 11-9 中，情景 4 下塔里木河上中游生态及农业引水量为 25.09×10⁸m³，其中段 1 至段 4 分别占其 28.9%、32.8%、24.7% 和 13.6%。据此，计算得到各河段的河损量，见表 11-10。

表 11-10 干流各河段河损量分析表 （单位：$10^8\,m^3$）

河损量	1—6 月	7 月	8 月	9 月	10—12 月	合计
阿拉尔—新其满	1.13	1.66	0.93	0.02	−0.58	3.15
新其满—英巴扎	0.11	0.56	1.86	1.70	1.35	5.58
英巴扎—乌斯满	0.61	0.71	1.23	0.29	−0.05	2.79
乌斯满—恰拉	0.04	0.36	1.68	0.51	−0.28	2.31
上中游合计	1.89	3.29	5.69	2.52	0.44	13.83

在表 11-10 中，塔里木河上中游受 7、8、9 月来水量较大影响，导致在枯水期（10—12 月）河道两侧地下水回补河道，因而段 1、段 3 至段 4 河道河损呈现负值。总体上，塔里木河上中游的河损量为 $13.83×10^8\,m^3$，其中段 1 至段 4 分别占其 22.8%、40.3%、20.2% 和 16.7%。进而计算得到塔里木河上中游各河段农业引水与河损的重复水量，见表 11-11。

表 11-11 干流上中游各河段重复水量计算 （单位：$10^8\,m^3$）

河段	1—6 月	7 月	8 月	9 月	10—12 月	合计
阿拉尔—新其满	1.44	0.68	0.51	0.40	0.75	3.78
新其满—英巴扎	0.89	0.31	0.61	0.58	0.65	3.04
英巴扎—乌斯满	0.76	0.40	0.52	0.32	0.40	2.41
乌斯满—恰拉	0.94	0.39	0.68	0.41	0.48	2.90
上中游合计	4.03	1.78	2.33	1.71	2.28	12.13

根据表 11-11，塔里木河上中游的重复水量为 $12.13×10^8\,m^3$，其中段 1 至段 4 分别占其 31.1%、25.1%、19.9% 和 23.9%。综合分析计算得到塔里木河上中游河段的总需水量，见表 11-12。

表11-12　　　　　　　干流上中游各河段总需水量计算　　　（单位：10^8m^3）

河段	1—6月	7月	8月	9月	10—12月	合计
阿拉尔—新其满	2.13	2.40	2.00	0.55	0.00	7.09
新其满—英巴扎	1.48	2.02	3.21	2.34	1.73	10.77
英巴扎—乌斯满	1.27	1.74	2.59	0.87	0.14	6.60
乌斯满—恰拉	0.22	0.72	1.64	0.52	0.00	3.10
上中游合计	5.09	6.88	9.43	4.29	1.86	27.56

在表11-12中，塔里木河上中游的需水总量为$27.56\times10^8\text{m}^3$，其中段1至段4分别占其25.7%、39.1%、23.9%和11.3%，前后五个时段分别占总需水量的28.8%、21.4%、24.1%、13.9%和11.8%。情景4下以满足下游大西海子以下生态需水（$2.67\times10^8\text{m}^3$）及90%保证率农业用水（$2.01\times10^8\text{m}^3$）为首要目标，而农业引水考虑利用开孔河调水予以补给，则该情景下阿拉尔、新其满、英巴扎、乌斯满、恰拉五个水文控制断面的过水量分别应为$32.24\times10^8\text{m}^3$、$25.15\times10^8\text{m}^3$、$14.38\times10^8\text{m}^3$、$7.78\times10^8\text{m}^3$和$4.68\times10^8\text{m}^3$。

特别地，当阿拉尔来水低于$32.24\times10^8\text{m}^3$时，则至少首先满足75%保证率下的农业用水$10.54\times10^8\text{m}^3$。因此，若阿拉尔来水量低于$31.07\times10^8\text{m}^3$时，则不再预留生态水，生态用水仅依靠河道侧渗水量补给。

11.3　生态水配置方案的实施

为发挥生态水配置方案的实用性和可操作性，要根据观测的来水情况对配水量进行及时调整。首先，用历年资料分析干流的蒸发、渗漏以及满溢等损耗量，分别建立水量平衡模型，之后对阿拉尔不同来水年份，上、中游区间耗水量和下泄水量按多年平均分水比例进行计算。当阿拉尔断面来水较多时，除保证上中游居民生活用水、农业和工业生产用水之外，向上中游生态闸供生态水的水量也应该相应增加；相反，当阿拉尔断面来水较少时，要保证工农业和居民生活用水，向生态闸供生态水的水量应该相应减少；当阿拉尔来水的水量等于或小于$31.38\times10^8\text{m}^3$，此时，农业灌溉用水要适当下调，原则上不再向生态闸供应生态水。

依据上述研究所得出的上半年来水频率、7—9 月来水频率和 10—12 月两个季度来的水频率，分别绘制出上述不同时段的来水频率曲线，确定不同来水频率下向不同河段的生态输水量。上中游生态供水的时段集中在 7—9 月这 3 个月，这段时间塔里木河流域处于洪水期，水量较大。根据过去 50 多年 7 月来水频率的变化曲线，并结合当年 1—6 月的来水状况，预测 7 月的来水频率，在月初开始向不同的河段配水，根据此来水频率所对应的水量确定不同河段的水量配置。月末总结当月的水文观测数据，如果来水量有所减少，则在 8 月初配水的时候，将水量适当减少；如果来水量有所增加，则在 8 月初配水时，将水量适当增加。9 月时亦是如此。根据年度来水频率、半年度来水频率和重点月来水频率表以及不同来水量下泻生态水量表，水量调度员可以根据当年上半年来水情况，源流来水水量情和干流上一个月来水水情等以及生态水量轮灌示意图，直接确定下泻生态水量调度计划。

首先，本着改善下游、兼顾上中游的原则，根据 1—6 月以及 10—12 月的频率变化曲线，拟合出方程，推算未来每年 1—6 月和 10—12 月的来水频率，进而得到来水量的多少。其次，通过生态调度，将适当的水资源调至下游，以保证下游的生态稳定，然后将剩余水量下泄至上游和中游地区。

11.4　生态水优化调控的生态经济和社会效应

传统的生态系统服务价值量计算是根据不同土地覆被类型的面积与所对应的生态系统服务价值当量的乘积确定。但是，这种计算方法不仅忽略了同一土地覆被类型的空间差异性(如不同区域天然植被的覆盖度亦存在差异)，而且也不能反映气候变化、人类干扰等因素对生态系统服务价值量变化的驱动特性。对此，本研究应用 ArcGIS 平台，选取驱动干旱区流域生态系统服务价值量变化的关键因子(植被覆盖度、人类活动干扰指数、土壤植被干旱指数)进行空间分析运算，获取了各驱动因子所载荷的生态系统服务价值量。该方法提高了生态系统服务价值量的计算精度和空间异质性，使得生态水调控的生态经济效益评估结果更具针对性、真实性和指导性；现已应用在塔里木河和玛纳斯河流域，并获得了国际同行的认可。根据计算，自流域实施综合治理以来(2000—2016 年)，塔里木河植被盖度增加、土壤呈现湿润化的面积分别占其总面积的 65.4% 和 85.0%。2016
年生态系统服务价值量为 137.1 亿元，比 2000 年增加了 45.2 亿元；其中，植被
覆盖度、人类活动干扰指数、土壤植被干旱指数三个驱动因子的生态系统服务价
值量分别占生态系统服务价值总量的 36.5%、33.4% 和 30.1%。

在下游，通过生物量因子的方法计算，2000—2016 年胡杨生态服务价值增
加了 0.41 亿元，增幅为 73.2%；柽柳灌丛生态服务价值增加了 3.93 亿元，增幅
为 14.8%，草地生态服务价值增加了 0.611 亿元，增幅为 144.7%。由此可以得
出，2016 年胡杨林地的潜在分布面积为 234.51km²，则胡杨潜在服务价值为 3.88
亿元。灌木林地潜在分布面积 6243.61km²，灌木的潜在价值量可以达到 156.96
亿元。利用同样的方法可以得出，2016 年草地的潜在分布面积可达 9158.17km²，
潜在服务价值达 6.10 亿元。2000—2016 年，17 次共输水 58.14×10⁸m³，借鉴塔
里木河下游农业用水价格 0.09 元/m³，输水的总价值为 5.233 亿元。2000 年植被
总价值为 27.607 亿元，2016 年植被响应总价值为 199.51 亿元，维持生物多样性
价值为 0.856 亿元。因此，2000—2016 年生态输水对植被恢复产生的总价值约
171.903 亿元，年生态经济价值量为 10.1 亿元，生态输水对植被修复的投入产出
比为 1:3.3。

利用问卷调查法获取的结果显示，由于下游生态输水取得了良好的生态经济
效益，15.2% 的居民愿意为保护生物多样性支付金钱，平均值每人每年 104.14
元，77.3% 的调查者愿意用劳力替代金钱，因此生态输水的社会效应明显。

第12章 结 论

12.1 主 要 结 论

(1)提出了融合天(高分遥感)、空(地物光谱)、地(地面观测实验)的土壤湿度反演技术,以阿克苏地区具有代表性核桃与红枣等典型特色林果作物作为研究对象,开展了不同灌水处理条件下核桃与红枣需水量田间试验研究,综合分析了滴灌条件下不同灌水定额的核桃及红枣耗水规律及对生长发育和生理指标、土壤水分变化、产量及水分利用效率等的影响,得到了滴灌条件下典型特色林果的微灌溉定额标准。

(2)采用水热平衡原理构建绿洲耗散型水文模型,提出流域尺度数据稀缺下径流预测与其不确定性的适宜模型,其研究成果在阿克苏河流域水资源合理配置、水生态保护等工作中得到了应用,并指导了阿克苏地区重点湖泊艾西曼湖和沙雅县胡杨林重点保护区的生态补水行动。

(3)通过构建 SWAT 模型,开展不同渠系水利用系数(考虑绿洲高效节水农业的适当发展)、不同地下水开采量与不同地表引水量下的"四水"转换情景模拟分析,并采用模糊综合评价法构建研究区水资源开发利用评价模型,提出适宜的水资源开发利用模式(地表水开发利用量、地下水开发利用量、灌溉面积控制规模等)。

(4)利用遥感与地理信息系统技术,结合大量地面调查验证,建立了流域1998—2015 年的土地利用斑块空间数据,借助土地利用动态度模型、质心迁移模型、CA-Markov 模型和地学信息图谱等方法,分别从土地利用动态度、土地利用空间格局变化、土地利用类型转换、土地利用动态模拟、土地利用格局变化图谱等角度系统诊断了流域土地利用结构演变特征。

(5)基于遥感影像数据、气象数据和地下水位数据，系统分析了阿瓦提县近二十年土地利用类型结构、艾西曼湖湖泊水域面积和地下水位时空变化过程和特征；采用面积定额法、潜水蒸发法、植被蒸散发法和水量平衡法合理界定植被及湖泊生态需水量，计算得到阿瓦提县域生态需水量、湖泊最小生态需水量、恢复目标下植被生态需水量、湖泊最小生态需水量。

(6)针对地下水水位预测的可变性，根据多年地下水埋深观测数据，建立了基于自记忆方程的地下水埋深预测模型；根据地下水埋深与土壤含水量、地下水化学特征、植物生长状况、土壤盐碱化及其他指标的相关关系，提出阿克苏河流域绿洲适宜的地下水生态水位调控区间；以新疆阿瓦提灌区为典型，提出了"四水"转换情景下县域水资源开发利用调控手段。

(7)基于系统工程理论，在流域土地利用格局演变的基础上，定量测算阿克苏河流域绿洲生态系统服务价值，构建生态敏感性评价模型分析绿洲传统敏感性和交叉敏感性的时空异质性特征，借助生态足迹法对阿克苏河绿洲的生态足迹、生态承载力和生态盈亏平衡状态进行了系统分析，选取景观格局指数和运用生态弹性力理论对流域景观格局状况和生态弹性力进行了评价。借助 PSR 模型构建生态安全综合评价指标体系，采用量子遗传算法优化投影寻踪模型对阿克苏河流域绿洲生态安全状况进行了综合评价，划分了不同的生态安全分区。

12.2　存在问题

(1)南疆农民群众对高效节水灌溉技术认识不足，无法充分发挥节水灌溉工程对农业生产节水增产的促进作用。南疆农民普遍认为微灌、滴灌等灌溉方式灌溉量少，不能够满足作物生长需水，影响作物产量及经济收入。部分农民群众对节水灌溉系统建设、适宜的灌溉运营管理模式不关注，水资源危机意识淡薄，且水价较低、计收方式较单一，农户无法获得因应用节水灌溉而节约农业水资源所得到的经济红利，致使高效节水灌溉系统运行效率较低，不能发挥效益。

(2)高效节水灌溉工程的管理者技术水平有待提高，难以保证工程的正常运行。目前节水灌溉工程普遍存在重建设、轻管理的现象，后期工程运行管理缺乏资金投入，运行效率达不到预期效果。政府节水投入资金使用监督机制落后，考核评价系统不完善，资金使用效果差。当地农民，对于设备了解不够深入，后期操作不当，过滤装置、动力机等设备不能充分及时维护，造成设备寿命降低，灌溉系统无法正常运行。

（3）在对阿克苏河灌区 2006—2015 年的土地利用变化进行分析时，由于数据获取限制，研究时序较短，且缺乏空间关系上的深入探讨；仅针对土地利用类型中的建设用地变化进行了驱动力因素分析，未能从整体上探讨研究区土地利用类型变化的影响因素。今后对土地利用变化及驱动力分析还需进一步深入研究。

参 考 文 献

[1]张靓，赵少军．塔里木河流域胡杨林区生态输水效益评估[J]．水利科学与寒区工程，2022，5(12)：19-25．

[2]张强．坚持系统观念　注重统筹协同　推动塔里木河流域治理管理能力再上新台阶[J]．水利发展研究，2022，22(11)：34-38．

[3]邓铭江．塔里木河生态输水与生态修复研究与实践[J]．中国水利，2022(19)：29-32．

[4]吾斯曼江．塔里木河流域水资源配置模式及水价确定[J]．河南水利与南水北调，2022，51(9)：34-35．

[5]袁志毅．塔里木河流域生态补水问题及对策建议[J]．水利规划与设计，2022(10)：8-10，68．

[6]白涛，刘东，李江，黄强．基于节水优先和工程布局调整的塔里木河流域节水潜力[J]．水科学进展，2022，33(4)：614-626．

[7]穆文彬，刘文斌，夏依买尔旦·沙特．塔里木河流域地下水管理现状及对策[J]．华北水利水电大学学报(社会科学版)，2022，38(4)：54-59．

[8]袁志毅，董其华，张向萍．塔里木河干流洪水漫溢现状及对策[J]．西北水电，2022(3)：8-12．

[9]孙占海，李旭，张学东．基于Landsat时间序列的塔里木河上游胡杨林NDVI与水文因子关系研究[J]．塔里木大学学报，2022，34(2)：96-102．

[10]李文文．气候变化与人类活动影响下的塔里木河流域水土资源利用研究[D]．南京：南京信息工程大学，2022．

[11]肖方南．塔里木河下游柽柳土壤微生物群落结构对"柽柳包"沉积的响应

［D］．石河子：石河子大学，2022．

［12］王永鹏．塔里木河下游生态输水效应及输水调配策略研究［D］．乌鲁木齐：新疆农业大学，2022．

［13］赵琦．基于水足迹时空演变的塔里木河下游农业种植结构配置研究［D］．乌鲁木齐：新疆农业大学，2022．

［14］何宇翔．洪水灌溉对塔里木河中下游胡杨幼龄林的影响研究［D］．乌鲁木齐：新疆师范大学，2022．

［15］祖力呼玛尔·艾再孜．生态水利工程对塔里木河荒漠河岸林植被的水文响应研究［J］．地下水，2022，44（3）：206-208．

［16］张久丹，李均力，包安明．2013—2020年塔里木河流域胡杨林生态恢复成效评估［J］．干旱区地理，2022，45（6）：1824-1835．

［17］王永鹏，杨鹏年，周龙．塔里木河下游植被耗水量的时空演变［J］．水土保持通报，2022，42（3）：225-232．

［18］李志赟，邓晓雅，龙爱华．三维生态足迹视角下塔里木河流域水土资源与生态承载状况评价［J］．环境工程，2022，40（6）：286-294．

［19］邱琳麟．水资源约束下的塔里木河流域耕地适宜规模研究［D］．上海：华东师范大学，2022．

［20］刘锋，薛联青，魏光辉．基于CMIP5的塔里木河流域未来降水模拟及响应分析［J］．水电能源科学，2022，40（3）：5-8，148．

［21］王婷婷．塔里木河流域潜在蒸散发及干旱特征研究［D］．上海：上海师范大学，2022．

［22］孙倩．塔里木河干流防洪与洪水资源利用探析［J］．水利技术监督，2022（2）：166-169．

［23］王婷婷，刘冬燕，蔡玙潇．塔里木河流域潜在蒸散发特征分析［J］．绿色科技，2022，24（2）：26-29．

［24］阿不都艾尼·阿不力孜，任强．塔里木河流域绿洲水土资源匹配特征及稳定性分析［J］．中国水利水电科学研究院学报（中英文），2022，20（1）：71-78．

［25］孙嘉，刘文斌，夏依买尔旦．基于流域统一管理的塔里木河流域水资源管理体制框架设计研究［J］．水利发展研究，2022，22（1）：50-54．

［26］李林．塔里木河流域地表水和地下水的转化关系［J］．水土保持通报，2021，
41（6）：23-28．

［27］刘强．塔里木河流域水资源开发利用分析［J］．陕西水利，2021（10）：
27-29．

［28］孙琪，徐长春，任正良．塔里木河流域产水量时空分布及驱动因素分析［J］．
灌溉排水学报，2021，40（8）：114-122．

［29］刘夏，张曼，徐建华．基于系统动力学模型的塔里木河流域水资源承载力研
究［J］．干旱区地理，2021，44（5）：1407-1416．

［30］宋洋，王圣杰，张明军．塔里木河流域东部降水稳定同位素特征与水汽来源
［J］．环境科学，2022，43（1）：199-209．

［31］王妍．塔里木河三源流径流及其组分变化研究［D］．西安：西安理工大
学，2021．

［32］吝静，赵成义，马晓飞，施枫芝，吴世新，朱建．基于生态系统服务价值的
塔里木河干流土地利用结构优化［J］．干旱区研究，2021，38（4）：
1140-1151．

［33］张帅．塔里木河流域土地利用与植被覆盖度变化对生态系统服务价值的影响
［D］．乌鲁木齐：新疆农业大学，2021．

［34］贾小俊．基于Tennant法的塔里木河河道基流生态需水量计算［J］．水利科学
与寒区工程，2021，4（3）：49-53．

［35］孔子洁，邓铭江，凌红波．塔里木河下游河道断流区生态安全评估与生态恢
复对策［J］．干旱区研究，2021，38（4）：1128-1139．

［36］左京平．气候变化影响下塔里木河流域径流不确定性与缺水风险评估［D］．
上海：华东师范大学，2021．

［37］李星．塔里木河流域水资源适应性利用能力评估及调控研究［D］．郑州：郑
州大学，2021．

［38］陈永金，艾克热木·阿布拉，张天举．塔里木河下游生态输水对地下水埋深
变化的影响［J］．干旱区地理，2021，44（3）：651-658．

［39］付爱红，程勇，李卫红，朱成刚．塔里木河下游生态输水对荒漠河岸林生态
恢复力的影响［J］．干旱区地理，2021，44（3）：620-628．

［40］王万瑞，艾克热木·阿布拉，陈亚宁．塔里木河下游生态输水对地下水补给量研究［J］．干旱区地理，2021，44（3）：670-680．

［41］邹珊，吉力力阿不都外力，黄文静．塔里木河下游生态输水对地表水体面积变化的影响［J］．干旱区地理，2021，44（3）：681-690．

［42］杨磊．塔里木河中游流域植被覆盖度时空动态变化监测与分析［D］．西安：长安大学，2021．

［43］陈亚宁，吾买尔江·吾布力，艾克热木·阿布拉．塔里木河下游近20a输水的生态效益监测分析［J］．干旱区地理，2021，44（3）：605-611．

［44］魏光辉．新疆塔里木河流域水资源与生态安全的几点思考［J］．中国水利，2021（5）：28-30．

［45］王光焰，徐生武，谢志勇．塔里木河下游气候变化与生态输水之间的关系分析［J］．水利规划与设计，2021（2）：55-62．

［46］翟新博．塔里木河中游防洪堤护坡形式探析［J］．水利技术监督，2021（1）：118-122．

［47］管文轲，赖帅彬，张和钰．塔里木河下游胡杨更新主要限制因素及应对措施［J］．防护林科技，2021（1）：67-70，81．

［48］任强，龙爱华，杨永民．近20年塔里木河干流生态环境变化遥感监测分析［J］．水利水电技术（中英文），2021，52（3）：103-111．

［49］李芳．尉犁县实施河（湖）长制对塔里木河生态修复工作的影响研究［J］．工程建设与设计，2020（24）：97-98．

［50］焦紫岚，王家强，迟春明．塔里木河干流区年径流量变化特征及其主要影响因素［J］．塔里木大学学报，2020，32（4）：96-104．

［51］黄国强．塔里木河干流防洪工程规划探析［J］．水利技术监督，2020（6）：123-126．

［52］刘华利．新疆维吾尔自治区塔里木河流域水资源承载力研究［J］．水利水电快报，2020，41（8）：8-11．

［53］贾志伟．塔里木河干流生态用水优化配置研究［D］．武汉：华中科技大学，2020．

［54］李均力，肖昊．2013—2018年塔里木河下游植被动态变化及其对生态输水的

响应[J]．干旱区研究，2020，37(4)：985-992.

[55]周瑞涛，郑航，刘悦忆．塔里木河流域的绿洲迁移研究[J]．水利水电技术（中英文），2021，52(2)：155-164.

[56]魏光辉，杨鹏，周海鹰．基于GRACE陆地水储量降尺度的塔里木河流域干旱特征及驱动因子分析[J]．中国农村水利水电，2020(7)：12-19，25.

[57]孙亚兴．基于GCM模型的塔里木河流域未来降水与气温变化规律研究[J]．地下水，2020，42(3)：164-167.

[58]朱妮娜．基于GLDAS和GRACE数据的塔里木河流域干旱综合评估[D]．上海：华东师范大学，2020.

[59]刘斌，赵雅莉，白洁．塔里木河下游流域输水工程生态效应评价研究[J]．地理空间信息，2020，18(3)：112-117，8.

[60]张静萍，包为民．塔里木河流域近50年气象要素变化研究[J]．水力发电，2020，46(4)：28-34.

[61]刘昀东，龙爱华，张沛．基于生态足迹的塔里木河流域可持续发展研究[J]．水利水电技术，2019，50(12)：38-48.

[62]段树国．塔里木河流域生态系统健康评价[D]．乌鲁木齐：新疆大学，2006.

[63]Hongbo Ling, Hailiang Xu, et al. High-and low-flow variations in annual runoff and their response to climate change in the headstreams of the Tarim River, Xinjiang, China[J]. Hydrological Processes, 2013, 27: 975-988.

[64]Hongbo Ling, Hailiang Xu, et al. Temporal and spatial variation in regional climate and its impact on runoff in Xinjiang, China [J]. Water Resources Management, 2013, 27: 381-399.

[65]Hongbo Ling, Hailiang Xu, et al. Suitable oasis scale in a typical continental river basin in an arid region of China: A case study of the Manas River Basin[J]. Quaternary International, 2013, 286: 116-125.

[66]Hongbo Ling, Hailiang Xu, Jinyi Fu. Evaluation of oasis land use security and sustainable utilization strategies in a typical watershed in the arid regions of China [J]. Environmental Earth Sciences, 2013, 70(5): 2225-2235.

[67]Hongbo Ling, Hailiang Xu, et al. Changes in intra-annual runoff and its response

to climate change and human activities in the headstream areas of the Tarim River Basin, China[J]. Quaternary International, 2014, 336: 158-170.

[68] Hongbo Ling, Bin Guo, Hailiang Xu. Configuration of water resources for a typical river basin in an arid region of China based on the ecological water requirements (EWRs) of desert riparian vegetation[J]. Global and Planetary Change, 2014, 122: 292-304.

[69] Yu Lei, Xiangquan Li, Hongbo Ling. Model for calculating suitable scales of oases in a continental river basin located in an extremely arid region, China[J]. Environ. Earth Sci. 2015, 73: 571-580.

[70] Hongwei Guo, Hongbo Ling, Hailiang Xu. Study of suitable oasis scales based on water resource availability in an arid region of China[J]. Environ. Earth Sci. 2016, 75: 1-14.

[71] Hongbo Ling, Pei Zhang, Hailiang Xu. Determining the ecological water allocation in a hyper-arid catchment with increasing competition for water resources [J]. Global and Planetary Change. 2016, 145: 143-152.

[72] Hongbo Ling, Xiaoya Deng, Aihua Long. The multi-time-scale correlations for drought-flood index to runoff and North Atlantic Oscillation in the headstreams of Tarim River, Xinjiang, China[J]. Hydrology Research, 2017, 48: 253-264.

[73] Xiaotong Zhu, Guangpeng Zhang, Hongbo Ling, et al. Evaluation of agricultural water pricing in an irrigation district based on a bayesian network[J]. Water, 2018, 10: 1-17.

[74] Guangpeng Zhang, Hailiang Xu, Hongbo Ling, et al. Temporal and spatial variaility of hydraulic conductivity of a streambed in a typical continetal river, China[J]. Fresenius Environmental Bulletin, 2018, 27: 9509-9519.

[75] Hongbo Ling, Junjie Yan, Bin Guo, et al. Evaluation of water and land exploitation based on the ecosystem service value in a hyper-arid region with intensifying basin management[J]. Land Degradation & Development, 2019, 30: 2165-2176.

[76] Xiyi Wang, Shuzhen Peng, Hongbo Ling, et al. Do ecosystem service value

increase and environmental quality improve due to large-scale ecological water conveyance in an arid region of China? [J]. Sustainability, 2019, 11: 1-18.

[77] Hongbo Ling, Bin Guo, et al. Enhancing the positive effects of ecological water conservancy engineering on desert riparian forest growth in an arid basin [J]. Ecological Indicators, 2020, 118: 106797.

[78] Jing Guo, Hailing Xu, Guangpeng Zhang, et al. The enhanced management of water resources improves ecosystem services in a typical arid basin [J]. Sustainability, 2020, 12: 8802.

[79] Feifei Han, Junjie Yan, Hongbo Ling. Variance of vegetation coverage and its sensitivity to climatic factors in the Irtysh River basin[J]. PeerJ, 2021, 9: 1-24.

[80] Jia Xu, Hongbo Ling, et al. Variations in the dissolved carbon concentrations of the shallow groundwater in a desert inland river basin[J]. Journal of Hydrology, 2021, 602: 1-11.

[81] Zikang Wang, Jing Guo, Hongbo Ling, et al. Function zoning based on spatial and temporal changes in quantity and quality of ecosystem services under enhanced management of water resources in arid basins[J]. Ecological Indicators, 2022, 137: 1-14.

[82] Ayong Jiao, Zikang Wang, Xiaoya Deng, et al. Eco-hydrological response of water conveyance in the mainstream of the Tarim River, China[J]. Water, 2022, 14: 1-19.

[83] Ayong Jiao, Wenqi Wang, Hongbo Ling, et al. Effect evaluation of ecological water conveyance in Tarim River Basin, China[J]. Frontiers in Environmental Science, 2022, 10: 1-16.

[84] Wenqi Wang, Ayong Jiao, Qianjuan Shan, et al. Expansion of typical lakes in Xinjiang under the combined effects of climate change and human activities[J]. Frontiers in Environmental Science, 2022, 10: 1-18.

[85] Chao Ling, Guangpeng Zhang, Xiaoya Deng, et al. A study on the drivers of remote sensing ecological index of aksu oasis from the perspective of spatial differentiation[J]. Water, 2022, 14: 1-18.